멘사 클럽 2

멘사 클럽 2

초판 1쇄 발행 · 2022년 7월 29일

지은이 · T.M.P.M
펴낸이 · 김동하

책임편집 · 이은솔
펴낸곳 · 책들의정원
출판신고 · 2015년 1월 14일 제2016-000120호
주소 · (03955) 서울시 마포구 방울내로7길 8, 반석빌딩 5층
문의 · (070) 7853-8600
팩스 · (02) 6020-8601
이메일 · books-garden1@naver.com
인스타그램 · www.instagram.com/text_addicted

ISBN 979-11-6416-123-2 (14410)

1분 안에 푼다면 당신도 **멘사 회원!**

멘사 클럽 ❷

T.M.P.M 지음

책들의 정원

천재들의 놀이,
두뇌퍼즐의 세계로
초대합니다

세계 최고 천재가 모이는 멘사(Mensa)는 사고력 증진 또는 IQ를 측정하기 위한 다양한 테스트를 진행합니다. 그중에는 도형이나 퍼즐 등의 문제도 있지요. IQ 148 이상인 사람만 회원이 될 수 있는 멘사에서는 과연 어떤 문제들을 풀까요? 다양한 퍼즐들을 통해 사고력을 높여봅시다. 현재 사회에서는 사고력과 창의력이 가장 중요한 능력이니까요.

흔히 천재라고 불리는 이들이 두뇌퍼즐을 즐기는 것은 우연일까요? 그렇지 않습니다. 인간의 두뇌에는 1천억 개 이상의 뉴런이 분포해 있으며, 뉴런 다발이 모여 시냅스라는 조직을 구성합니다. 이들이 바로 사고 활동에 관여하는 기관인데,

연구 결과에 따르면 뉴런 세포는 마치 근육과 같아서 사용하면 할수록 발달하고 그렇지 않으면 퇴화한다고 합니다. 그러니 IQ는 평생 바뀌지 않는 고정값이 아니라 노력 여부에 따라 움직이는 변동지수라고 할 수 있습니다.

'노화' 역시 사고 활동에 영향을 끼치는 중요한 요소입니다. 인간의 두뇌는 18~25세를 정점으로 하여 발달하다가 35세 이후에는 조금씩 쇠퇴하기 시작합니다. 흔히 '머리가 굳는다'고 말하는 현상입니다. 우리 두뇌의 잠재력을 최고로 발휘하기 위해서는 성장기 시절 적절한 자극을 통해 사고력을 높이고, 성인이 된 이후에는 꾸준한 트레이닝을 통해 능력을 유지할 수 있도록 해야 합니다.

《멘사 클럽》에서는 두뇌를 쉽고 재미있게 훈련할 수 있도록 다양한 종류의 문제를 준비했습니다. 국내외 유명 대학과 기업에서 사용한다고 알려진 유형의 문제는 물론 흔히 접하지 못한 새로운 유형의 문제까지 다양하게 실었습니다. 각 문제의 정답과 풀이는 책의 뒷부분에 있습니다. 또한 부록에서 제공하는 도안을 이용하면 앞에서 등장한 정육면체나 퍼즐 조각을 직접 만들어 정답을 확인할 수 있습니다.

이 책은 시험지나 문제집이 아닙니다. 높은 점수를 내기 위해 스트레스 받을 필요 없습니다. 도전 과정을 즐기는 것이 더 중요합니다. 해답지와 다른 나만의 답을 찾아내어도 좋습니다. 하루 중 언제 펼쳐 봐도 괜찮지만 두뇌 훈련을 위해서 잠들었던 뇌가 활성화되는 아침 시간을 추천합니다. 머리는 타고나는 것이 아닙니다. IQ의 20퍼센트는 후천적 환경에 따라 결정됩니다. 이 책이 여러분을 즐거운 두뇌 트레이닝의 세계로 안내할 것입니다.

T.M.P.M(The Mensa Puzzle Master)

두뇌퍼즐

짝 맞추기

다음 그림 중 같은 것을 두 개씩 묶어 짝을 지을 때, 짝이 없는 것이 하나 있습니다. 어느 것일까요?

글자 찾기

점을 연결하여 숨겨진 글자를 찾아보세요. 어떤 단어가 나올까요?

· 아래 숫자는 주변을 둘러싸고 있는 선의 개수와 같습니다. 만약 상하좌우가 모두 선으로 둘러싸여 있다면 숫자는 4가 됩니다.

3	2	2	2	2	2	3
1	3	3	2	2	3	2
2	4	2	1	1	2	3
3	3	1	1	2	3	2
2	2	3	2	2	2	3
2	2	2	0	2	2	2
2	2	2	2	2	2	2
2	4	2	2	2	3	2
1	1	2	2	2	2	2
1	2	3	1	2	3	2
3	3	4	2	2	2	2

층수 찾기

레스토랑, 카페, 피트니스센터, 미용실, 은행이 5층짜리 건물의 각기 다른 층에 입점해 있습니다. 어느 층에 무엇이 들어와 있을까요?

· 카페는 1층과 3층에 없습니다.
· 미용실 아래에는 은행이 있습니다.
· 피트니스센터는 카페 위층에 있습니다.
· 은행은 레스토랑보다 두 층 아래에 있습니다.

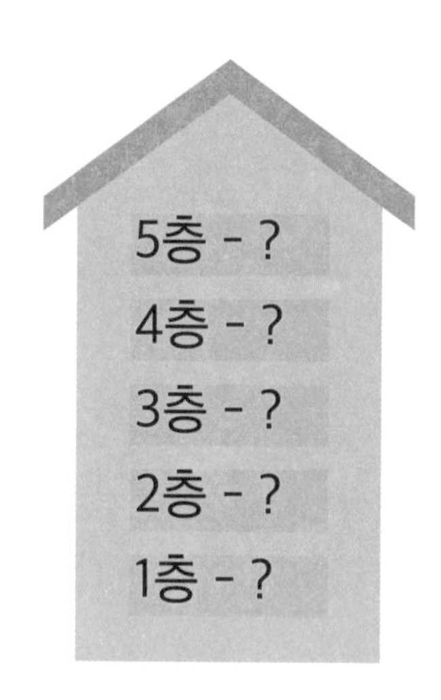

순간기억력

10초 동안 아래 그림을 보고, 그림을 손으로 가린 뒤 질문에 답해보세요.

· 건물 2층에는 몇 개의 창문이 보입니까?

· 커다란 전등은 몇 번째 창문과 몇 번째 창문 사이에 있습니까?

· 검은색 옷을 입은 사람은 어느 방향으로 걷고 있습니까?

스도쿠

다음은 스도쿠 문제입니다. 가로, 세로, 굵은 선 안에 1~9의 숫자가 한 번씩만 들어가도록 해야 합니다. 규칙에 따라 빈칸에 알맞은 답을 채워보세요.

3				7				8
	1		9		6		3	
		9				6		
	2		7		8		9	
6				2				4
	7		3		5		2	
		7				4		
	4		8		7		6	
1				5				2

수열

빈칸에 들어갈 알맞은 답을 구해보세요.

4 8 14 22 32 44 58 ▢

연필 옮기기

아래 연필 중 하나만 옮겨 식을 바르게 만들어주세요.

가로세로 숫자

물음표 대신 들어갈 알맞은 숫자를 찾아보세요. (단, 하나의 식에서 곱셈과 나눗셈은 덧셈과 뺄셈보다 먼저 계산해야 합니다.)

21	×	3	-	6	=	57
×		+		×		
?	+	?	÷	3	=	11
-		÷		-		
?	-	3	×	?	=	24
=		=		=		
9	+	?	+	8	=	?

생각하는 문제

방 안에 아메바가 있습니다. 이 아메바는 한 마리가 두 마리로 분화하는 데 1분이 걸립니다. 다시 1분이 지나면 아메바는 모두 네 마리가 됩니다. 아메바가 방 안을 가득 채우는 데 3시간이 걸렸다고 할 때, 처음부터 방 안에 아메바를 두 마리 넣고 시작한다면 몇 분 후 방이 가득 차게 될까요?

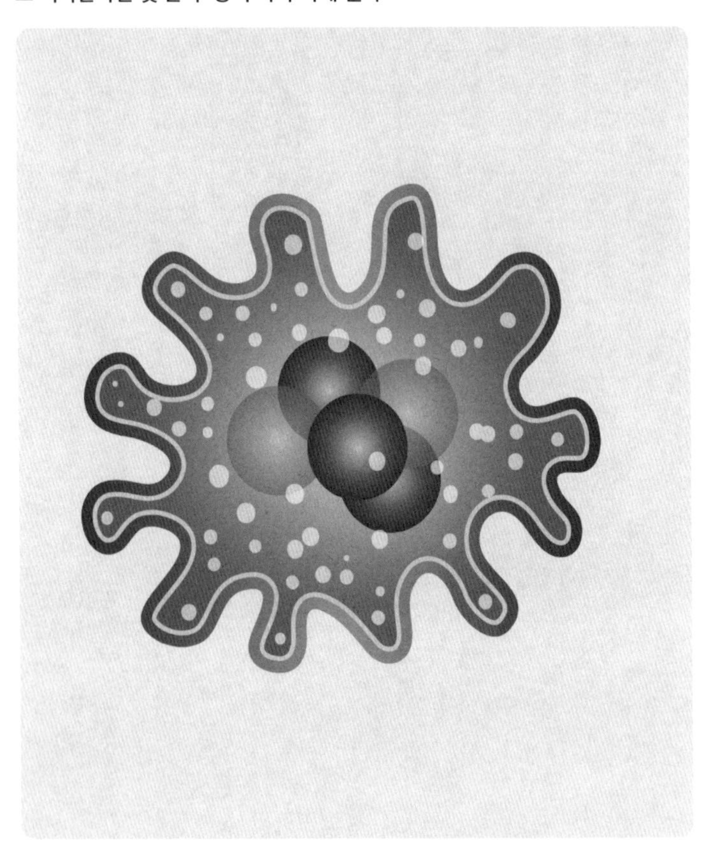

지도 칠하기

아무리 복잡한 지도라도 네 가지 색만 있으면 충분히 색을 입힐 수 있다고 합니다. 다음 지도에서 서로 맞닿은 영역은 반드시 다른 색이 되도록 네 가지 색깔을 이용해 칠해보세요.

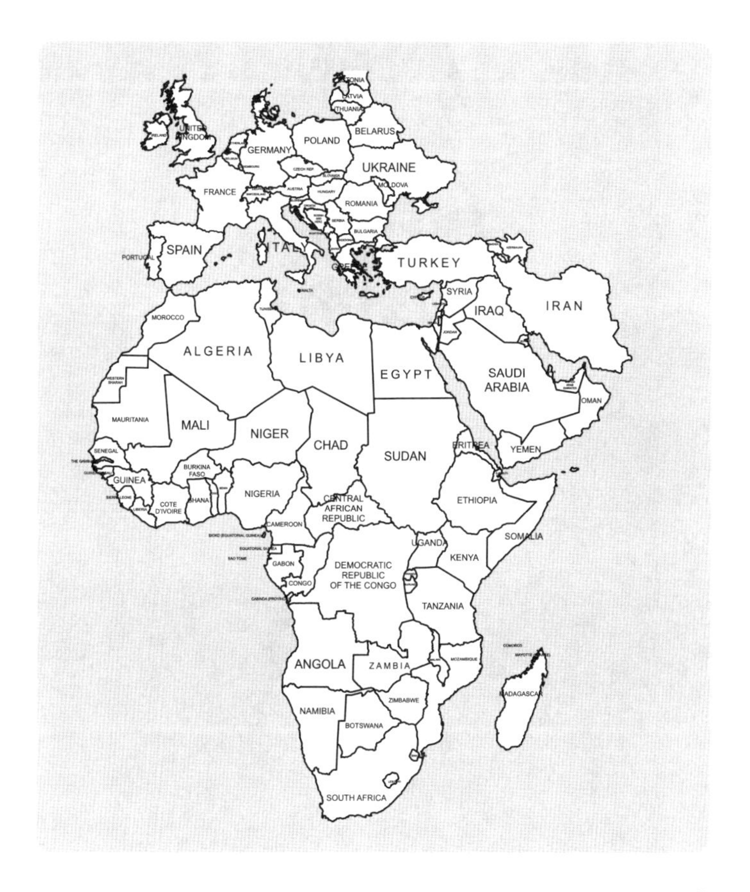

톱니바퀴 돌리기

7개의 톱니바퀴가 있습니다. 첫 번째 바퀴를 반시계 방향으로 돌릴 경우, 마지막 바퀴는 어느 방향으로 움직일까요?

대칭수

11, 101, 2002처럼 좌우로 뒤집어도 같은 숫자가 되는 경우를 '대칭수'라고 부릅니다. 또한 29와 39 같은 수는 다음 과정을 거쳐 대칭수로 만들 수 있습니다.

29+92=121(대칭)

39+93=132 → 132+231=363(대칭)

어느 두 자리 수 A에 위와 같은 과정을 반복했더니 대칭수 484가 나왔습니다. A는 무엇일까요?

체스 옮기기

체스보드 위에 세 개의 말이 있습니다. 두 사람이 순서를 정해 번갈아 가며 말을 옮기는 게임을 하려고 합니다. 한 번에 하나의 말을 오른쪽으로 한 칸 움직일 수 있고, 모든 말이 A영역에 도착하면 게임은 끝나게 됩니다. 마지막 말을 골인시키는 사람이 승리한다고 할 때, 먼저 시작하는 것과 나중에 시작하는 것 중 어느 쪽이 유리할까요?

공간지각

다음 도형을 위에서 보면 어떤 모양이 될까요?

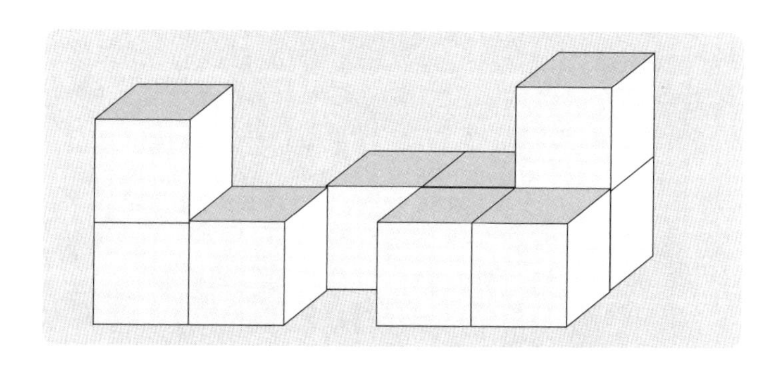

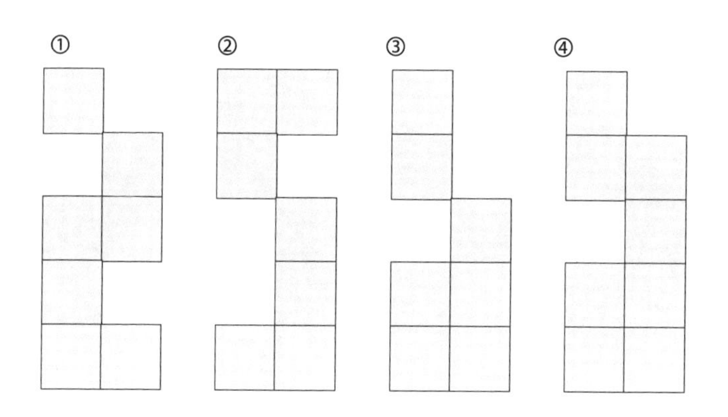

벤다이어그램

아래에서 설명하는 것을 다음 벤다이어그램에서 찾아보세요.

캐나다인인 그는 배우이자 가수로 활동하고 있지만,
춤은 잘 추지 못합니다.

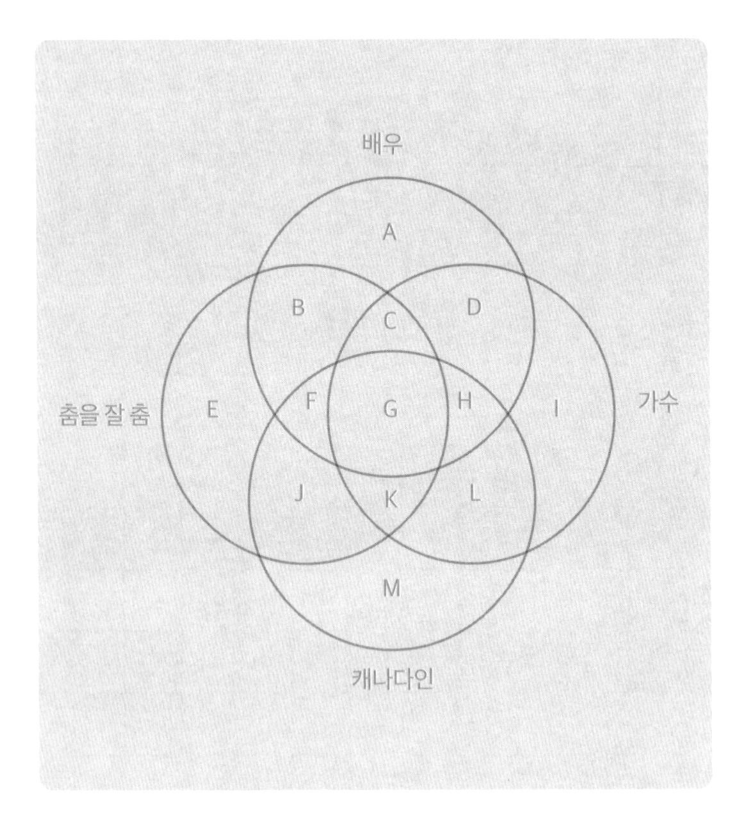

직사각형 조립

다음 조각을 이어서 가로 15칸, 세로 8칸의 직사각형을 만들어보세요. 조각의 방향을 돌릴 수 있습니다.

※ 그림을 오리면 문제를 쉽게 풀 수 있습니다. 책의 마지막에 '오려 만들기' 페이지가 있습니다.

마방진

빈 칸에 알맞은 숫자를 찾아보세요.

· 1~9까지의 수가 한 번씩 들어갑니다.
· 가로/세로/대각선의 합은 모두 같습니다.

8	3	
	5	9
6		2

수열

빈칸에 들어갈 알맞은 답을 구해보세요.

63 48 35 24 ▢

신비한 곱셈

1, 11, 111 등은 같은 수끼리 곱할 경우 다음과 같은 결과를 보입니다. 아래 빈칸에 들어갈 알맞은 수를 계산하지 말고 눈으로 찾아보세요.

$$1 \times 1 = 1$$

$$11 \times 11 = 121$$

$$111 \times 111 = 12321$$

$$\square \times \square = 12345678787654321$$

숫자 큐브

다음 큐브는 모두 같은 규칙을 따르고 있습니다. 물음표 자리에 들어갈 알맞은 숫자는 무엇일까요?

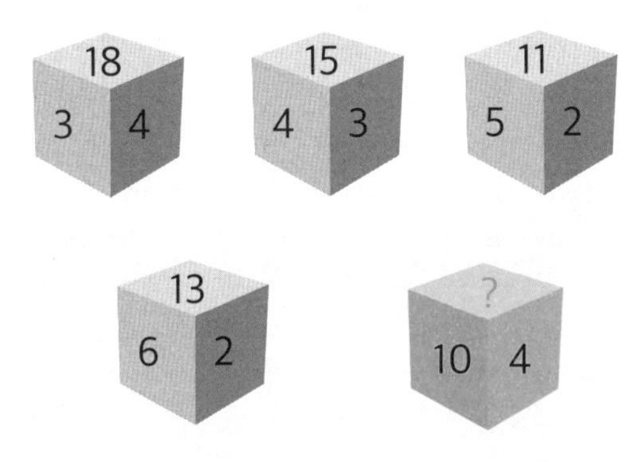

보물 나누기

100명의 모험가로 이루어진 탐험대가 고대 도시에서 보물단지를 찾았습니다. 이 보물을 어떻게 나누어 가질지는 당신의 손에 달렸습니다. 당신이 선택한 방법이 과반수의 동의를 얻지 못할 경우 반대하는 사람들에게 보물을 모두 빼앗기게 됩니다. 어떻게 하면 최대한 많은 보물을 얻을 수 있을까요?

같은 그림 찾기

보기 중에서 다음 그림과 정확히 일치하는 것을 찾아보세요.

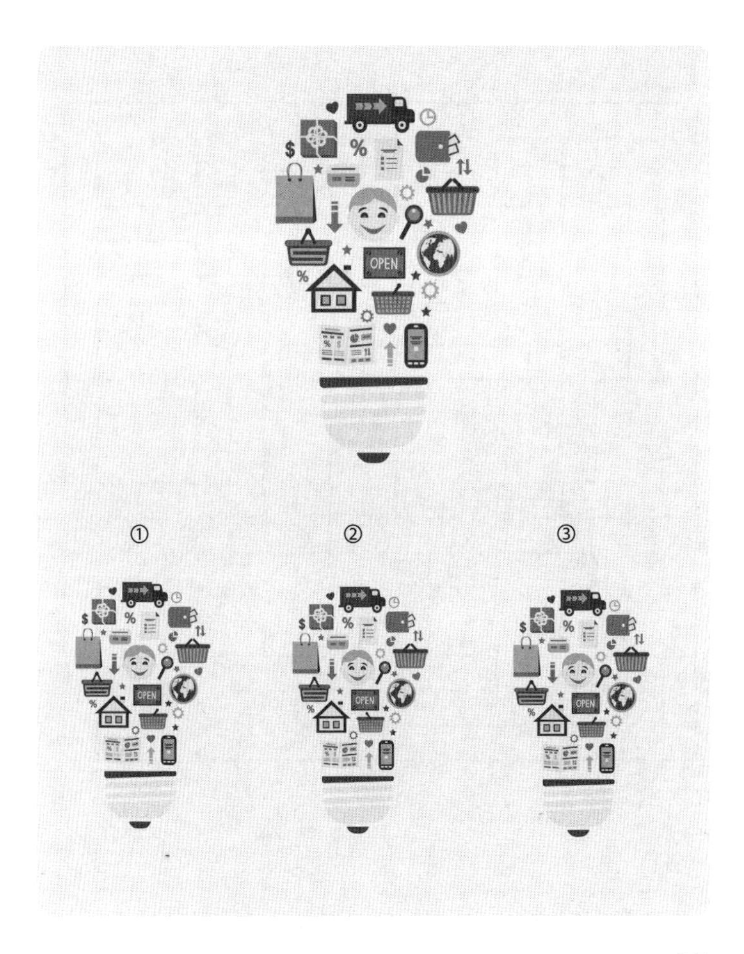

미로 찾기

A에서 B까지 가는 길을 찾고 있습니다. 무사히 갈 수 있도록 길을 찾아주세요.

계산식 완성

다음 빈칸에 덧셈(+), 뺄셈(-), 곱셈(×), 나눗셈(÷) 중 알맞은 계산기호를 넣어보세요. 모든 계산기호는 한 번씩 들어갑니다.

$$1 \square 1 \square 4 \square 17 \square 20 = 1$$

수열

다음 물음표에 들어갈 알맞은 수를 구해보세요.

1 - 11 - 12 - 1121 - 122111 - 112213 - ?

부등호

다음 빈칸에 1, 2, 3, 4, 5의 숫자를 넣어 부등호가 성립되도록 해보세요. 가로, 세로에는 각 숫자가 한 번씩만 등장합니다.

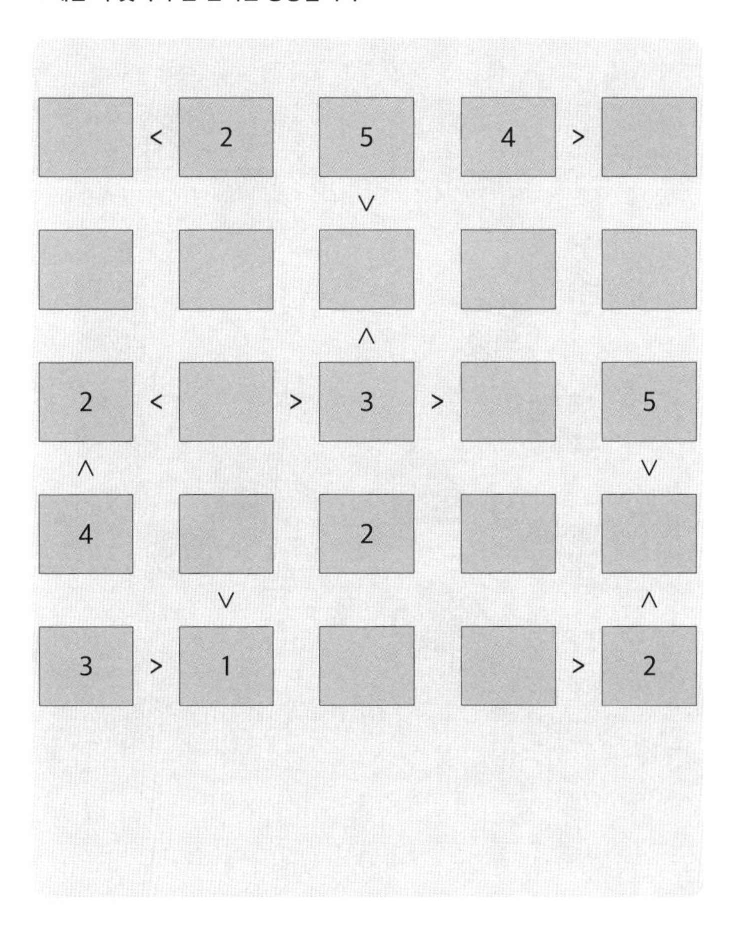

조각보 만들기

세 가지 색의 천을 연결해 네 장의 조각보를 만들고 있습니다. 정해진 규칙에 따라 색깔을 배치한다고 할 때, 다음 물음표 자리에는 어떤 패턴이 들어가야 할까요?

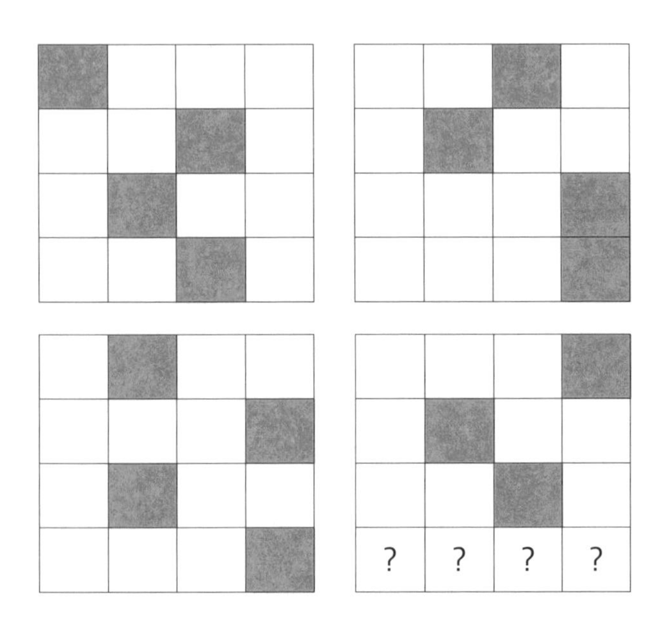

이상한 연산기호

아래 식에 등장하는 ◎는 새로운 연산기호입니다. 빈칸에 들어갈 알맞은 수는 무엇일까요?

8◎3=115

9◎1=108

6◎2=84

2◎1=31

7◎4=?

입체 추론

아래 도면으로 정육면체를 만들 경우 나올 수 없는 모양을 골라보세요.

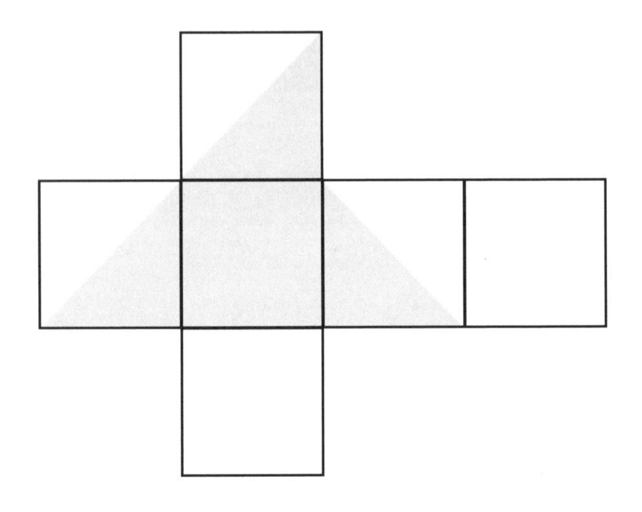

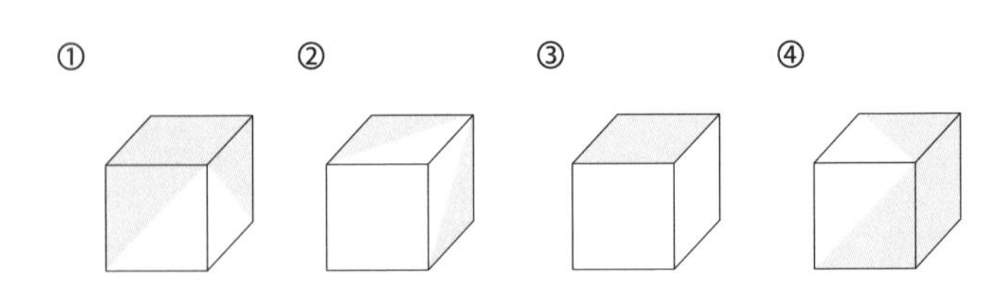

※ 그림을 오리면 문제를 쉽게 풀 수 있습니다. 책의 마지막에 '오려 만들기' 페이지가 있습니다.

거북이 등껍질

조선의 수학자 최석정은 육각형 여러 개로 거북이 등껍질 모양을 만든 뒤, 꼭짓점에 있는 숫자 6개를 더하면 언제나 93이 나오도록 하는 신비로운 배열을 찾았습니다. 다음 배열에서 빈칸에 들어갈 알맞은 수를 구해보세요.

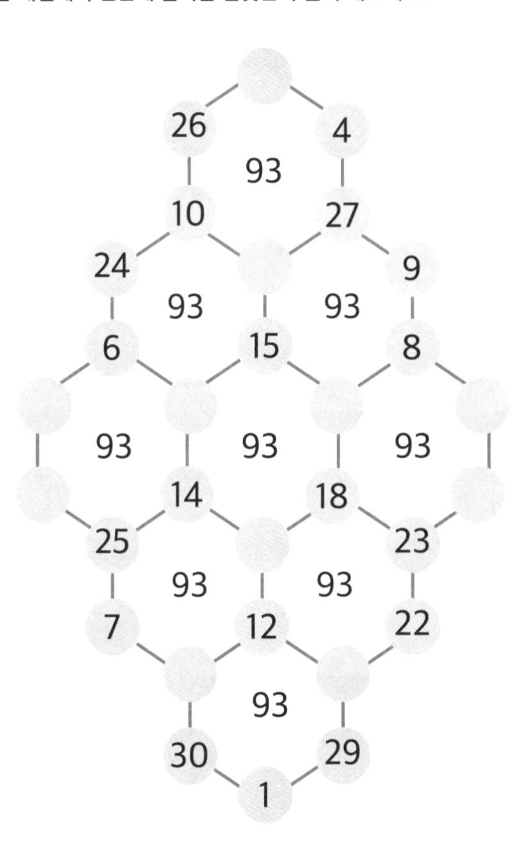

1초 퀴즈

다음 문제를 읽고 1초 내로 답해보세요.

1000의 절반을 다시 1/2로 나누면 얼마입니까?

주사위 게임

여섯 개의 주사위를 아래 순서에 따라 배열해주세요.

·5는 짝수 사이에 있습니다.
·양끝의 수를 더하면 5입니다.
·1의 오른쪽 옆에는 3이 있습니다.
·4의 오른쪽 옆에는 5가 있습니다.

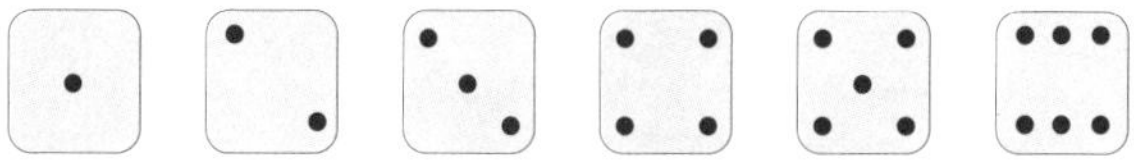

상자 열기

인터넷에서 농구공과 축구공을 구매했습니다. 물건은 모두 세 개의 상자에 나누어 담겨져 배송되었고, 상자에는 각각 '농구공', '축구공', '농구공과 축구공'이라고 이름표가 붙어 있습니다. 그런데 판매자가 실수로 세 상자 모두 이름표를 잘못 붙였다고 합니다. 어떤 상자에 어떤 공이 들어 있는지 확인하기 위해 최소 몇 개의 상자를 개봉해야 할까요?

★

연필 옮기기

아래 연필 중 하나만 옮겨 식을 바르게 만들어주세요.

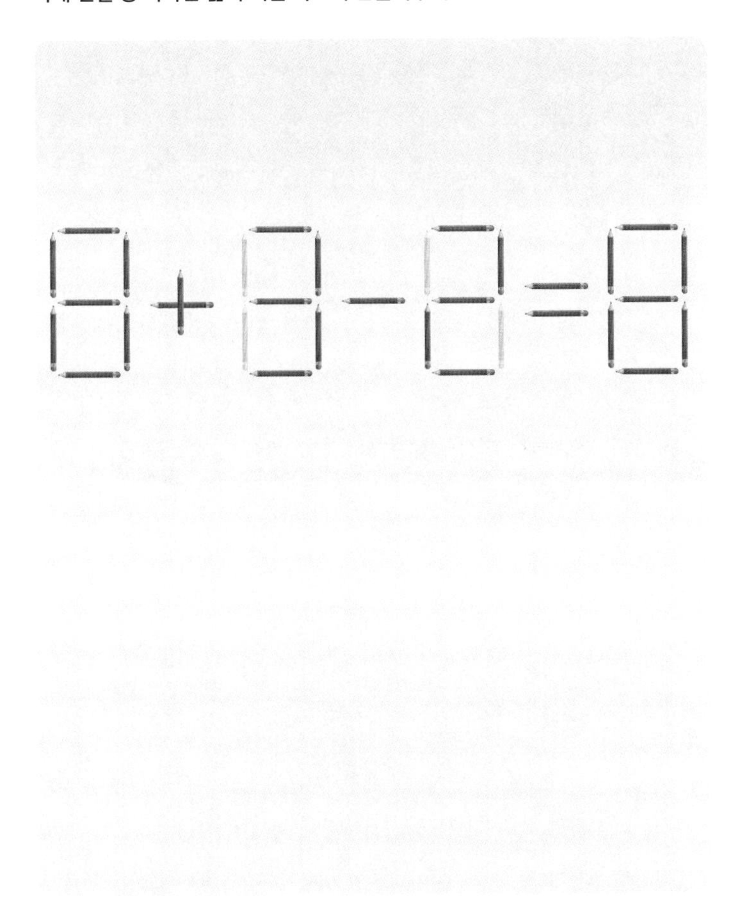

기차와 기관사

두 명의 기관사가 대화를 나누고 있습니다. A가 B에게 다음과 같이 말했습니다.
두 사람은 각각 몇 량으로 이뤄진 기차를 몰고 있을까요?

> A: 내가 운행하는 기차에서 한 량을 빼 너에게 준다면 우리가 모는 기차의 길이는 두 배 차이가 될 거야. 네가 운행하는 기차에서 한 량을 빼 나에게 준다면 우리가 모는 기차의 길이는 똑같아지겠지.

무한 야구

어느 야구장에서 경기가 열렸습니다. A팀은 공격, B팀은 수비를 무한히 맡는 특이한 경기입니다. A팀은 1~100까지의 등번호를 달고 있는 선수들을 순서대로 내보냈습니다. A팀 감독은 경기 결과를 아래처럼 기록해놓았습니다. 다음 차례에 홈으로 들어올 주자의 등번호는 몇 번일까요?

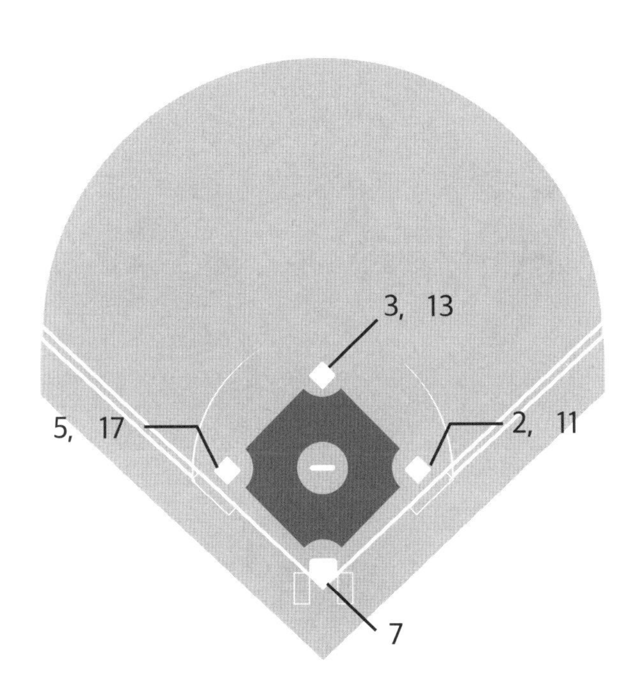

거울 속으로

다음은 어떤 종이를 거울로 비추어 바라본 모습입니다. 문제를 눈으로만 읽고 10초 내에 빈칸을 채워보세요.

놀이판 채우기

어떤 놀이판에 칸마다 숫자가 적혀 있습니다. 빈칸에 들어갈 숫자는 무엇일까요?

3	4	6	2	1	5	3
1						
5	4	2		2	4	
					3	
					1	
	4	5	1		6	
	2					
	3					

피자 조각

다음 빈칸에 알맞은 수를 구해보세요.

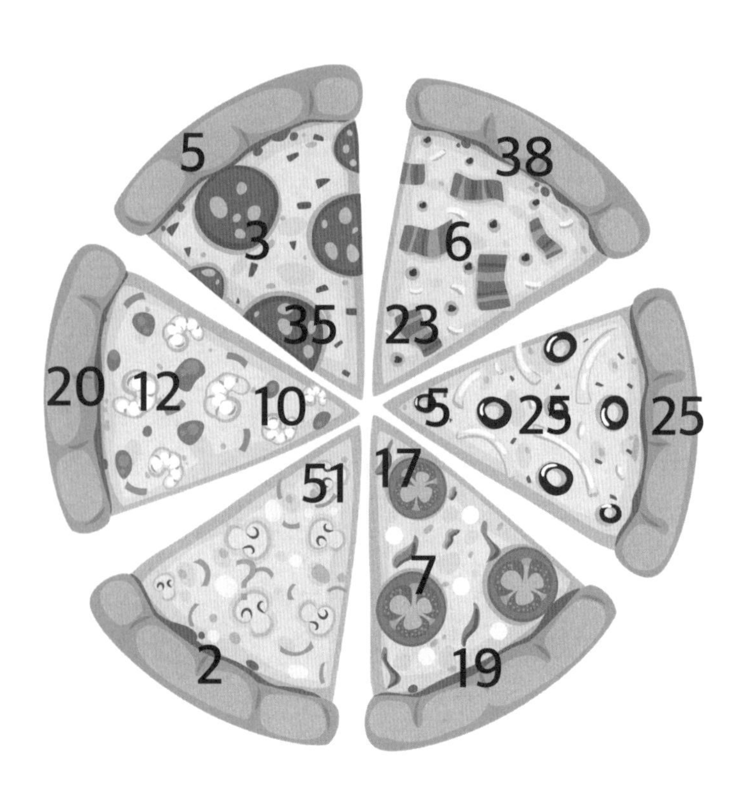

사각수

바둑돌을 정사각형 모양에 맞춰 늘어놓고 있습니다. 10번째 단계에서는 모두 몇 개의 바둑돌을 사용해야 할까요?

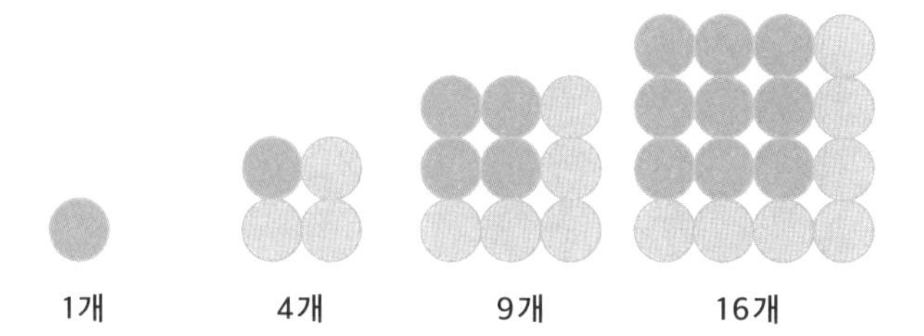

이미지 퍼즐

다음 퍼즐 조각을 알맞은 순서와 방향에 따라 정렬하면 하나의 우리말 글자가 나타납니다. 어떤 글자일까요?

※ 그림을 오리면 문제를 쉽게 풀 수 있습니다. 책의 마지막에 '오려 만들기' 페이지가 있습니다.

알파벳 퀴즈

마지막에 올 알파벳은 무엇일까요?

B C D E H I

K O ?

한붓그리기

종이에서 펜을 떼지 말고 다음 도형을 한 번에 그려보세요.

국가 투표

세계 각 나라 대표들을 모아놓고 투표를 했습니다. 영국, 스웨덴, 모로코, 필리핀은 각각 2표, 1표, 1표, 2표를 받았습니다. 대한민국은 몇 표나 받았을까요?

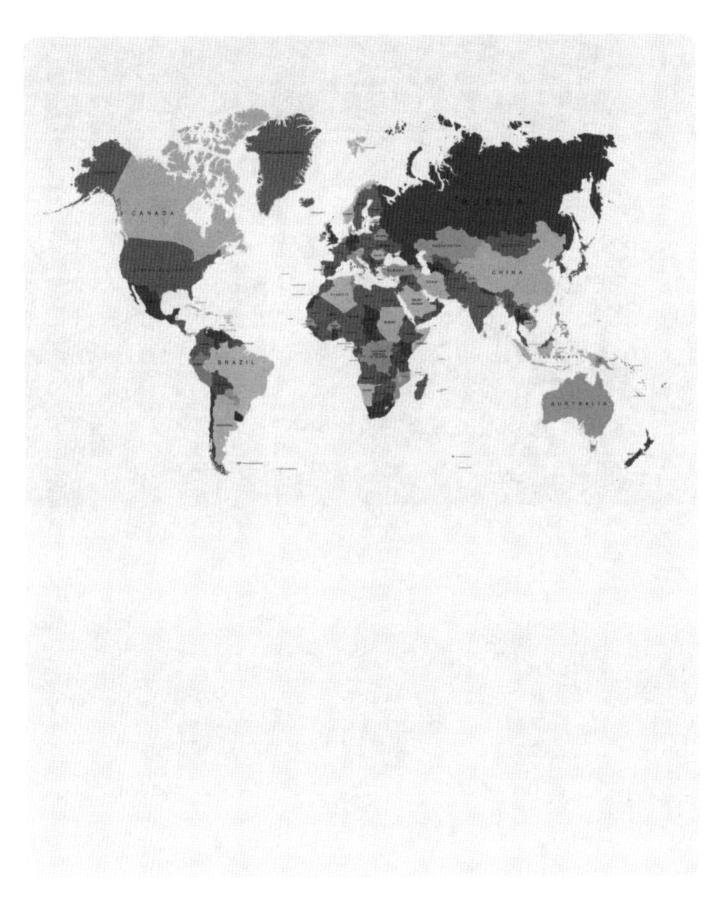

좌표 찾기

보기의 그림과 일치하는 조각의 좌표를 찾아보세요.

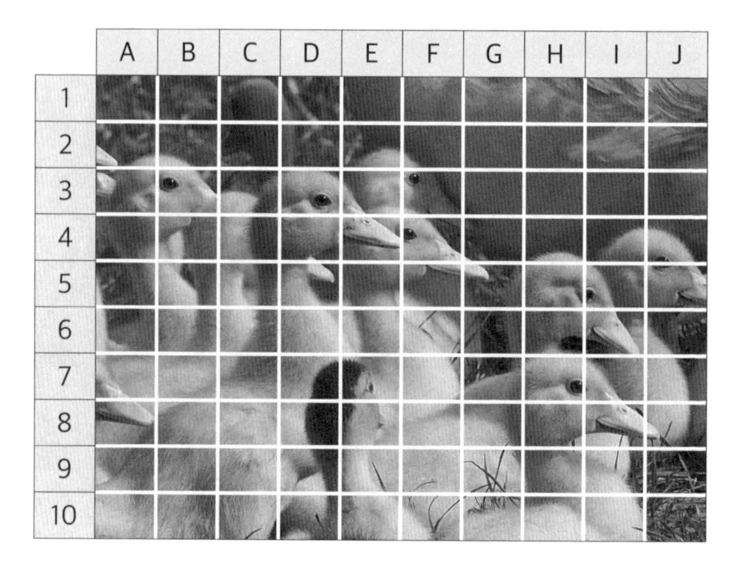

1 2 3

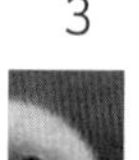

숫자 찾기

아래 식을 만족시키는 ○와 □를 찾아보세요.

$1 \times \bigcirc + \square = 9$

$12 \times \bigcirc + \square + 1 = 98$

$123 \times \bigcirc + \square + 2 = 987$

$1234 \times \bigcirc + \square + 3 = 9876$

$12345 \times \bigcirc + \square + 4 = 98765$

$123456 \times \bigcirc + \square + 5 = 987654$

$1234567 \times \bigcirc + \square + 6 = 9876543$

$12345678 \times \bigcirc + \square + 7 = 98765432$

$123456789 \times \bigcirc + \square + 8 = 987654321$

과일 퀴즈

다음 식이 성립되도록 각 과일을 대신할 숫자를 찾아보세요.

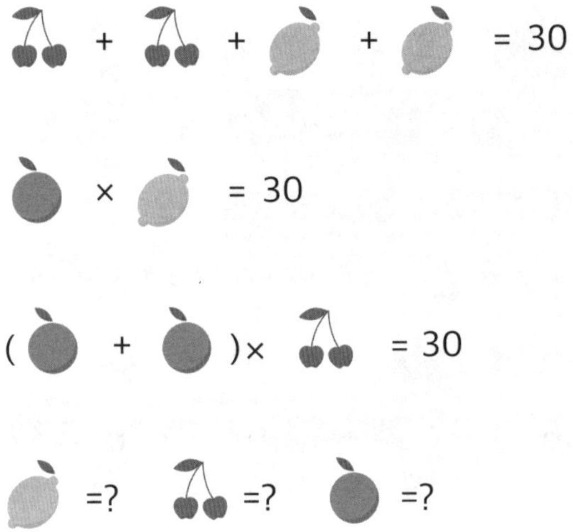

+ + + = 30

× = 30

(+)× = 30

=? =? =?

이상한 계산

다음 식의 답을 구해보세요.

6-4=10

8-5=15

11-10=5

10-2=?

모자이크 나누기

모자이크 방식으로 만든 천이 있습니다. 이 천을 여러 조각으로 나누려고 합니다. 아래 천을 자르는 방식으로는 나올 수 없는 패턴을 보기에서 찾아주세요.

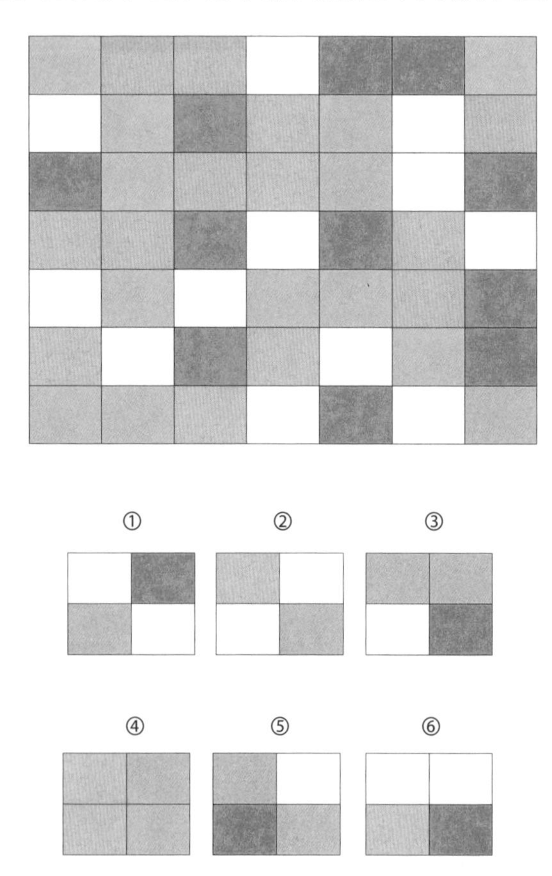

알파벳 계산

다음 빈칸에 알맞은 수를 찾아보세요.

$C \times G = 10$

$D \times M = 30$

$C \times K = 16$

$F \times K = ?$

★

블록 채우기

다음 블록의 빈칸에 알맞은 수를 구해보세요.

				?
			24	13
		4	22	11
	3	5	17	12
6	1	5	11	14

사다리 타기

다음은 당첨자가 2명인 사다리 타기 게임입니다. 당첨자가 바뀌지 않도록 가로선을 하나 지워보세요.

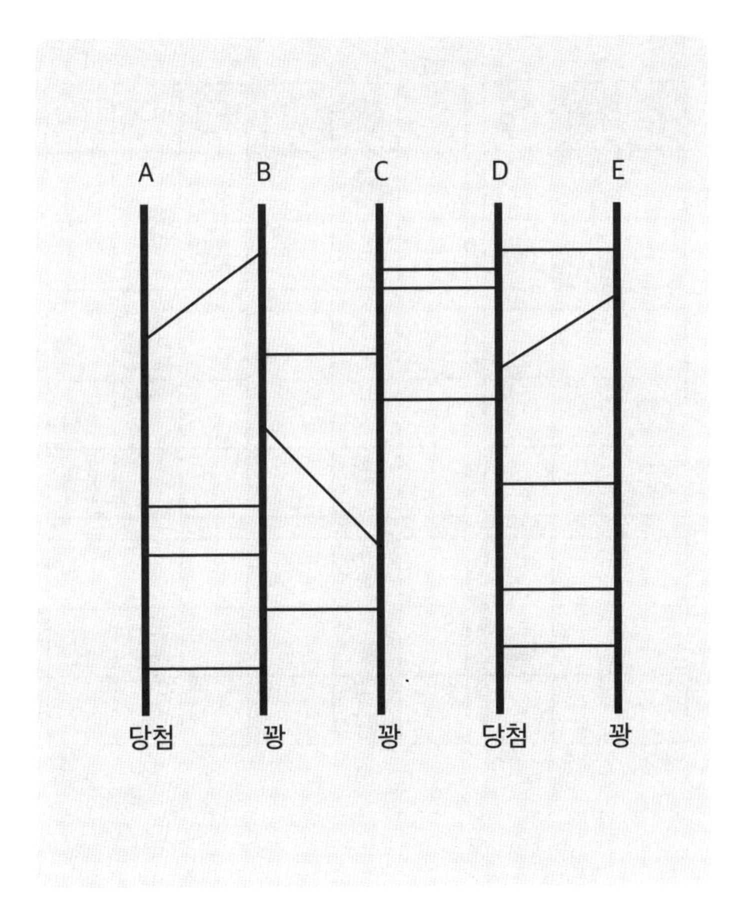

패턴 채우기

마지막 칸에 알맞은 패턴을 채워보세요.

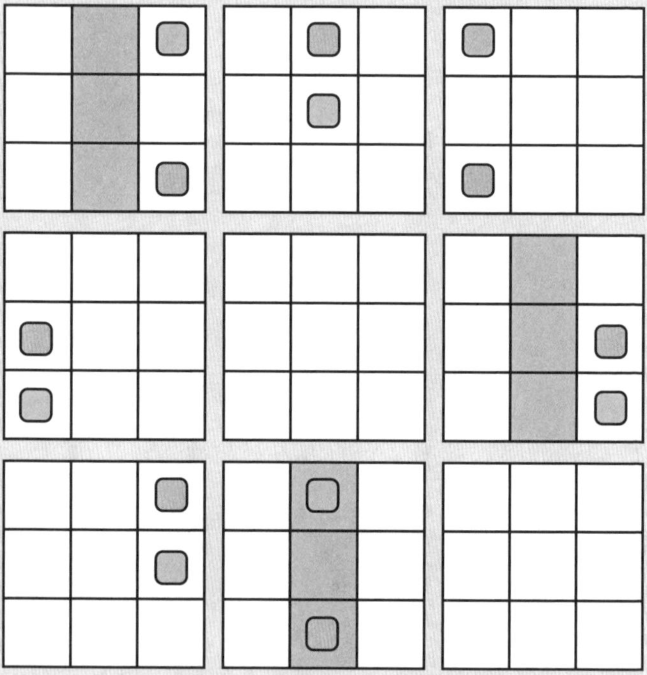

다음 식의 답을 구해보세요.

$$\frac{10+\mathrm{Sin}x}{n}=?$$

숫자 찾기

아래 식을 만족시키는 □와 ○를 찾아보세요. (괄호 안의 식은 괄호 밖의 식보다 먼저 계산해야 합니다.)

■×3×(●-9)=111

■×3×(●-8)=222

■×3×(●-7)=333

■×3×(●-6)=444

■×3×(●-5)=555

■×3×(●-4)=666

■×3×(●-3)=777

■×3×(●-2)=888

■×3×(●-1)=999

구멍 난 사진

별 모양으로 구멍 난 사진이 있습니다. 다음 조각 중 알맞은 것을 찾아보세요.

빈칸 채우기

빈칸에 들어갈 알맞은 수를 구해보세요.

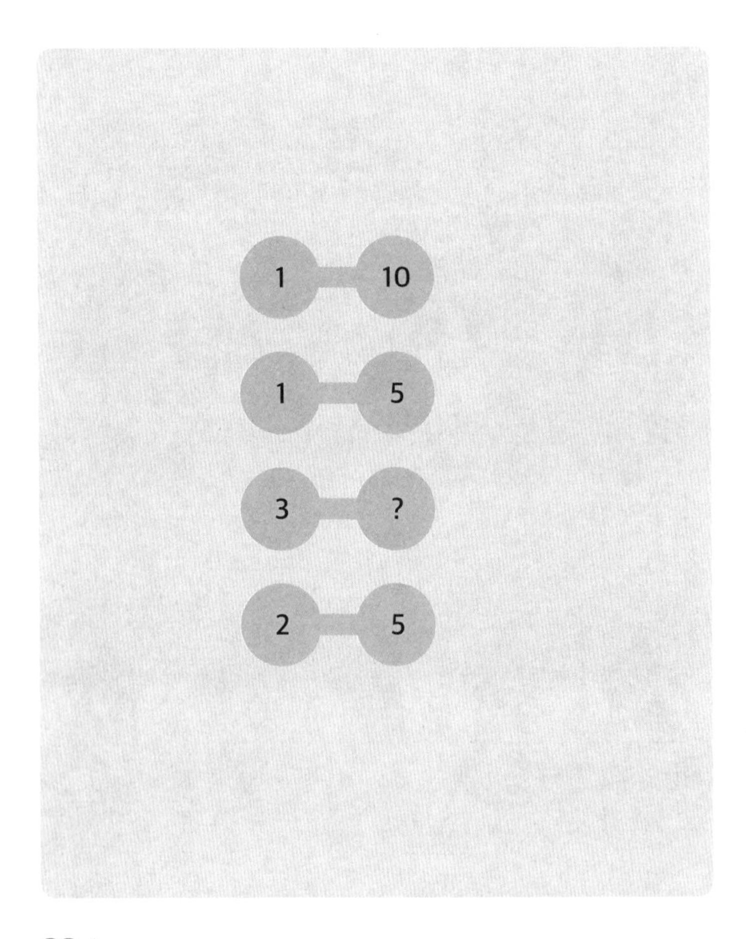

면적과 비율

다음 그림에서 색이 칠해진 부분이 전체 면적의 몇 퍼센트인지 구해보세요.

짝 맞추기

다음 그림 중 같은 것을 두 개씩 묶어 짝을 지을 때, 짝이 없는 것이 하나 있습니다. 어느 것일까요?

시간 재기

밧줄과 성냥 한 갑이 있습니다. 이 밧줄의 한쪽 끝에 불을 붙이면 반대쪽까지 모두 타는 데 정확히 1시간이 걸린다고 합니다. 주어진 물건만을 가지고 30분을 재고 싶습니다. 어떻게 하면 될까요?

★

같은 값 덧셈

다음 동그라미 안에 1~16까지의 숫자를 한 번씩만 넣어서 사각형 한 변에 있는 숫자 네 개의 합과 사각형 꼭짓점에 있는 숫자 네 개의 합이 언제나 34가 되도록 해보세요.

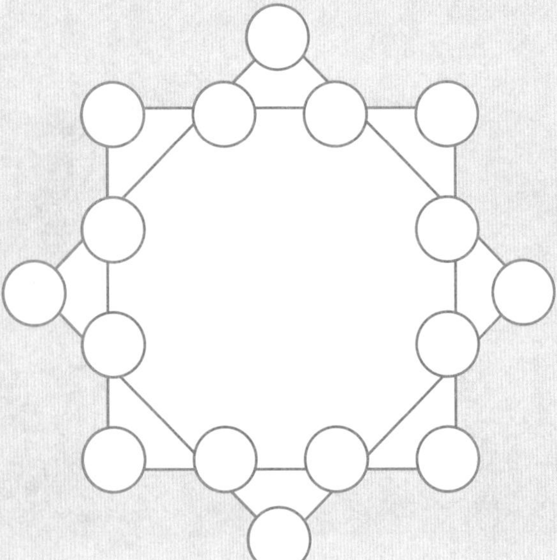

면적 구하기

다음 도형에서 A와 B 중 어느 곳의 면적이 더 넓을까요?

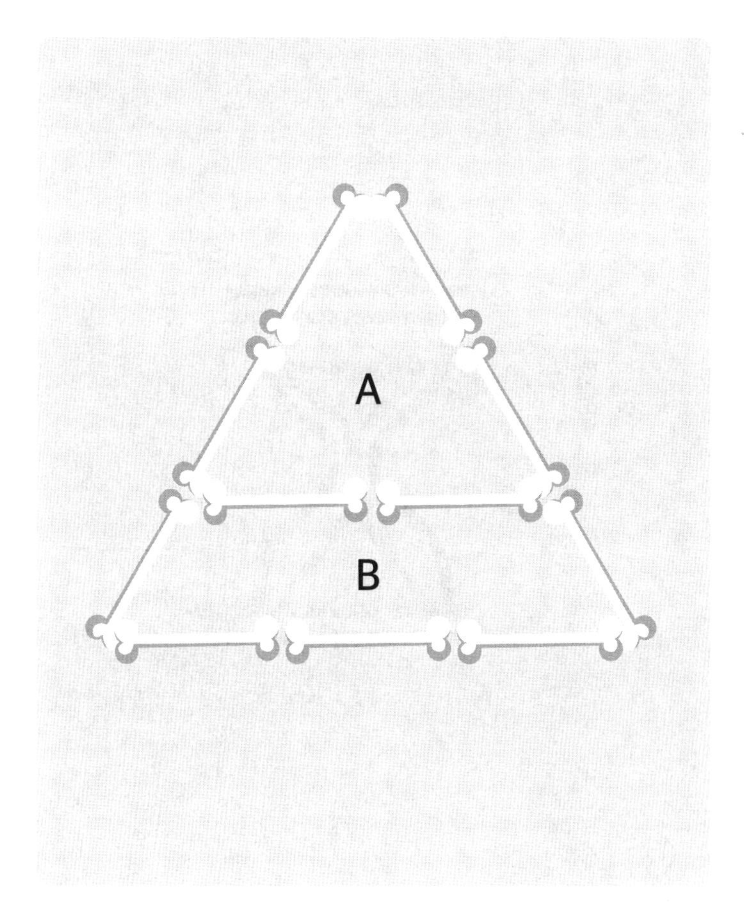

시간 재기

5분과 7분을 잴 수 있는 모래시계가 있습니다. 이 두 모래시계만 이용해서 정확히 6분을 측정하려면 어떻게 해야 할까요?

숨겨진 규칙

다음 빈칸에 알맞은 숫자를 찾아보세요.

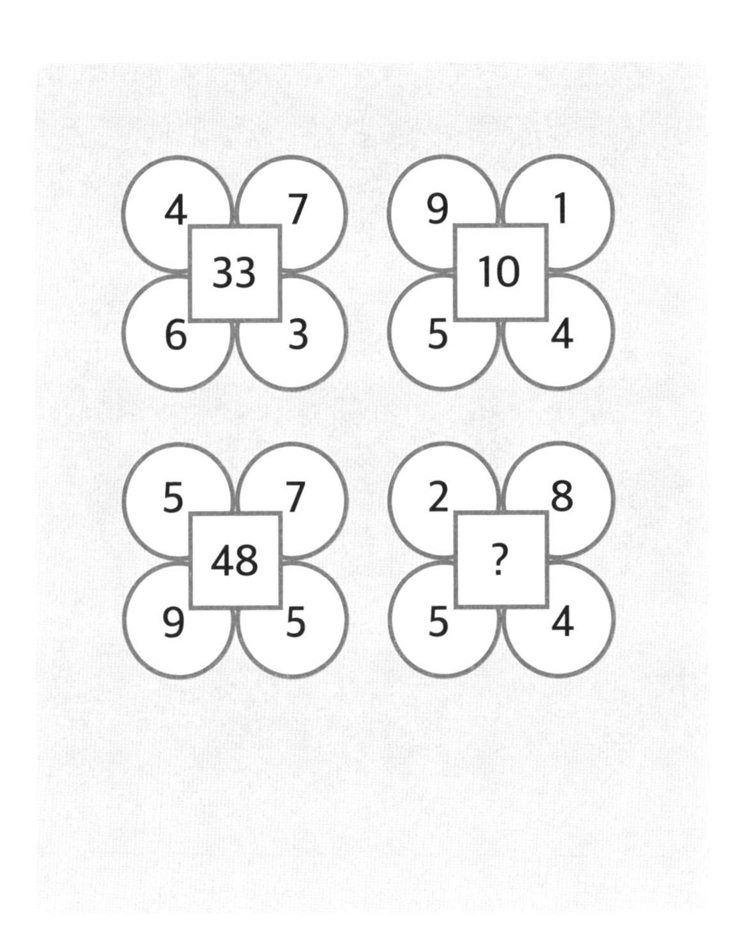

보석의 가격

다음 가격표를 보고 보석의 가격을 구해보세요.

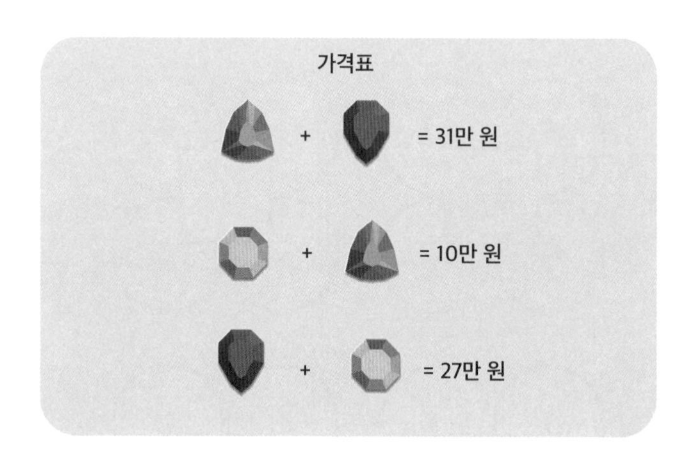

\+ \+ = ?

토막 난 시계

시계에 두 개의 직선을 그어 세 토막으로 나누려고 합니다. 이때 각 토막 속 숫자의 합이 모두 같아지려면 어떻게 해야 할까요?

한붓그리기

종이에서 펜을 떼지 말고 다음 도형을 한 번에 그려보세요.

★

여덟 개의 8

여덟 개의 8이 있습니다. 여기에 여덟 개의 직선을 추가해 1000이 되도록 해보세요.

88888888

미로 찾기

A에서 B까지 가는 길을 찾고 있습니다. 무사히 갈 수 있도록 길을 찾아주세요.

연필 옮기기

아래 연필 중 하나만 옮겨 식을 바르게 만들어주세요.

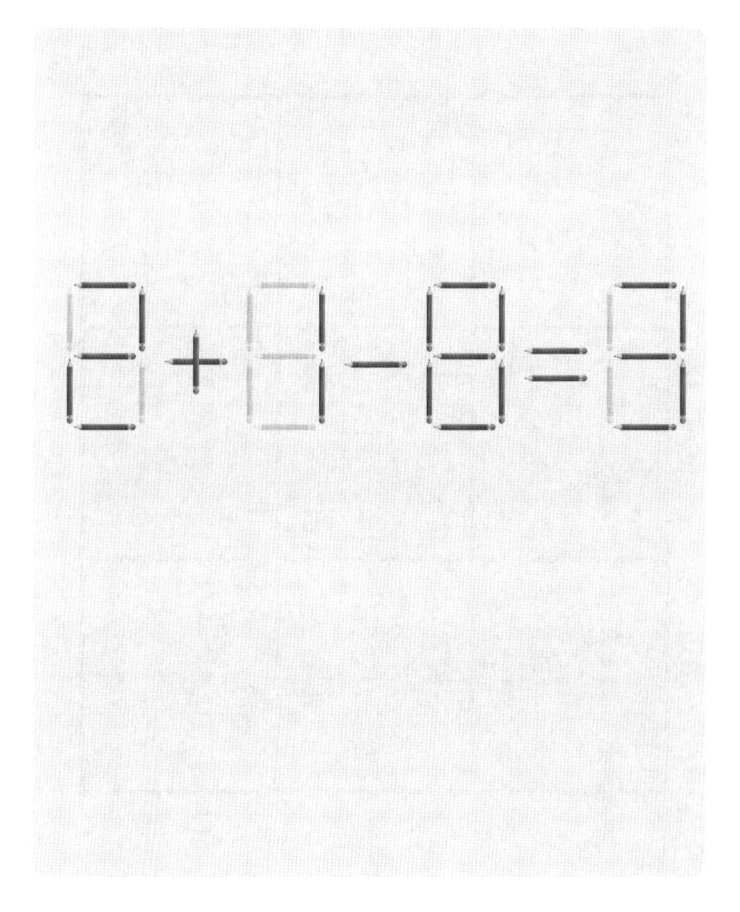

알파벳 스도쿠

다음은 스도쿠 문제입니다. 가로, 세로, 굵은 선 안에 A~I의 알파벳이 한 번씩만 들어가도록 해야 합니다. 규칙에 따라 빈칸에 알맞은 답을 채워보세요.

		F	I			C		
G		B		A		F		H
	H		B		C		G	
		D	C		A		F	
	G			E		I		C
F		C			G		A	
	D		G	C		B		F
E					I			A
		G			F		E	

국경 지나기

전쟁 중인 지역에서 7개의 국경을 넘어야 합니다. 국경을 지날 때마다 국경수비대가 지나가는 인원의 절반을 인질로 데려가고, 그중 한 명의 인질만 되돌려 보내준다고 합니다. 처음에 몇 명이 모여 출발해야 전원이 무사히 도착할 수 있을까요?

순간기억력

10초 동안 아래 그림을 보고, 그림을 손으로 가린 뒤 질문에 답해보세요.

·사진 속에는 몇 명의 사람이 있습니까?

·공을 잡고 있는 사람은 왼쪽에서 몇 번째에 있습니까?

·사진 속 선수들의 넘버를 순서대로 맞춰보세요.

마방진

빈 칸에 알맞은 숫자를 찾아보세요.

·1~16까지의 수가 한 번씩 들어갑니다.
·가로/세로/대각선의 합은 모두 같습니다.

	2	3	13
5			8
9			12
4	14	15	

★

삼각형 찾기

다음 그림에는 몇 개의 삼각형이 숨어 있을까요?

망가진 시소

다음 시소 중 망가진 것이 단 한 개 있습니다. 어느 것일까요?

가로세로 숫자

물음표 대신 들어갈 알맞은 숫자를 찾아보세요. (단, 하나의 식에서 곱셈과 나눗셈은 덧셈과 뺄셈보다 먼저 계산해야 합니다.)

1	+		-	3	=	0
×		-		×		
	÷	8	+	33	=	40
×		÷		-		
2	×		+	9	=	17
=		=		=		
	-	0	-		=	22

4단 케이크

4단으로 이뤄진 케이크가 있습니다. 빈칸에 들어갈 알맞은 수를 구해보세요.

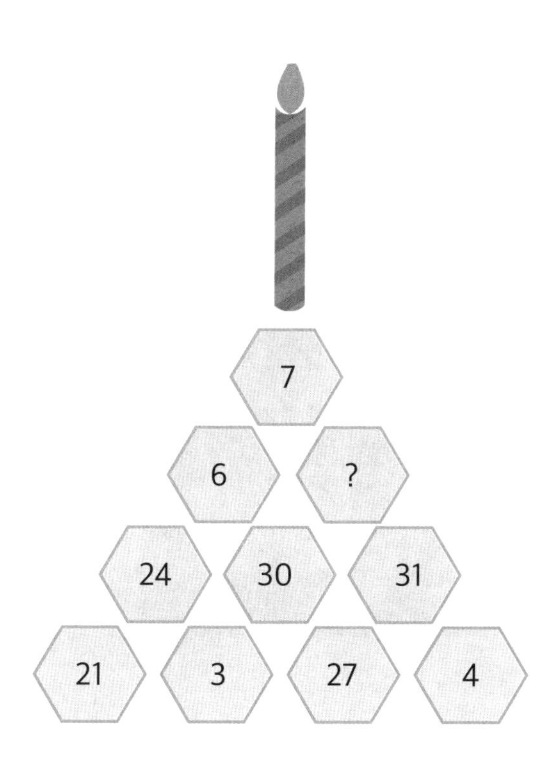

계산기의 힌트

탐정이 어느 살인범을 찾고 있습니다. 마지막으로 살해당한 사람은 몸에 계산기를 지니고 있었고, 다음과 같은 힌트를 남긴 채 세상을 떠났습니다. 단서를 통해 범인의 성별과 직업을 구해보세요.

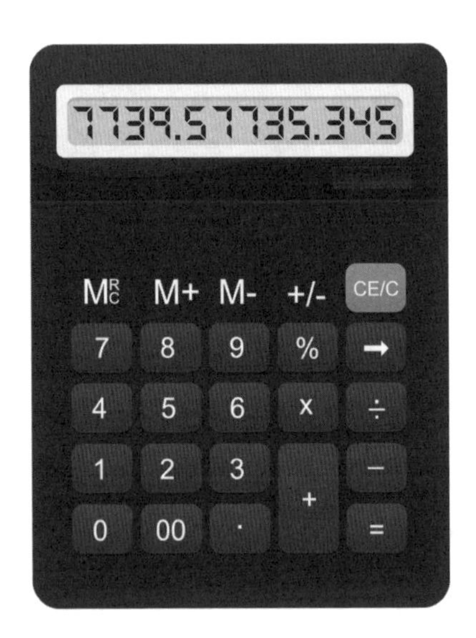

입체 추론

아래 도면으로 정육면체를 만들 경우 나올 수 없는 모양을 골라보세요.

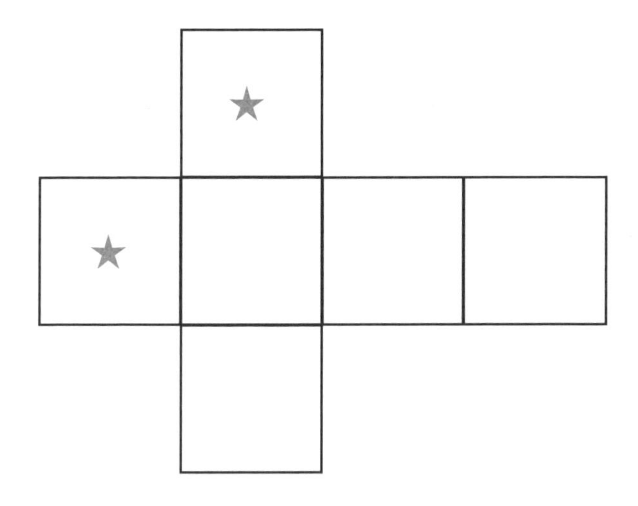

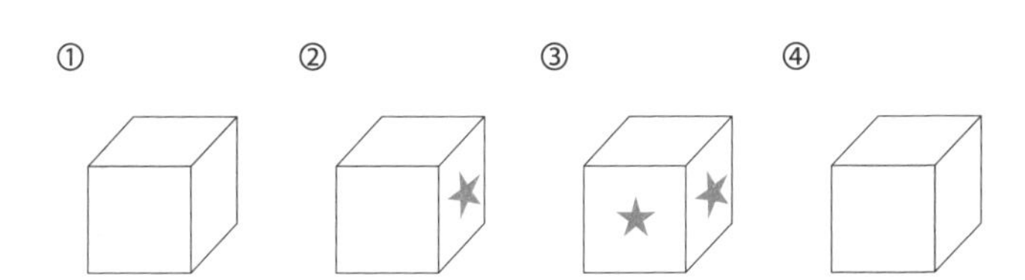

※ 그림을 오리면 문제를 쉽게 풀 수 있습니다. 책의 마지막에 '오려 만들기' 페이지가 있습니다.

신비한 수

다음 식이 성립되도록 A~F에 들어갈 숫자를 찾아보세요. A~F는 각각 어떤 한 자리 숫자를 의미합니다.

$$ABC+DEF=999$$

$$AB+CD+EF=99$$

넓이 구하기

다음 중 면적이 더 넓은 것을 찾아보세요.

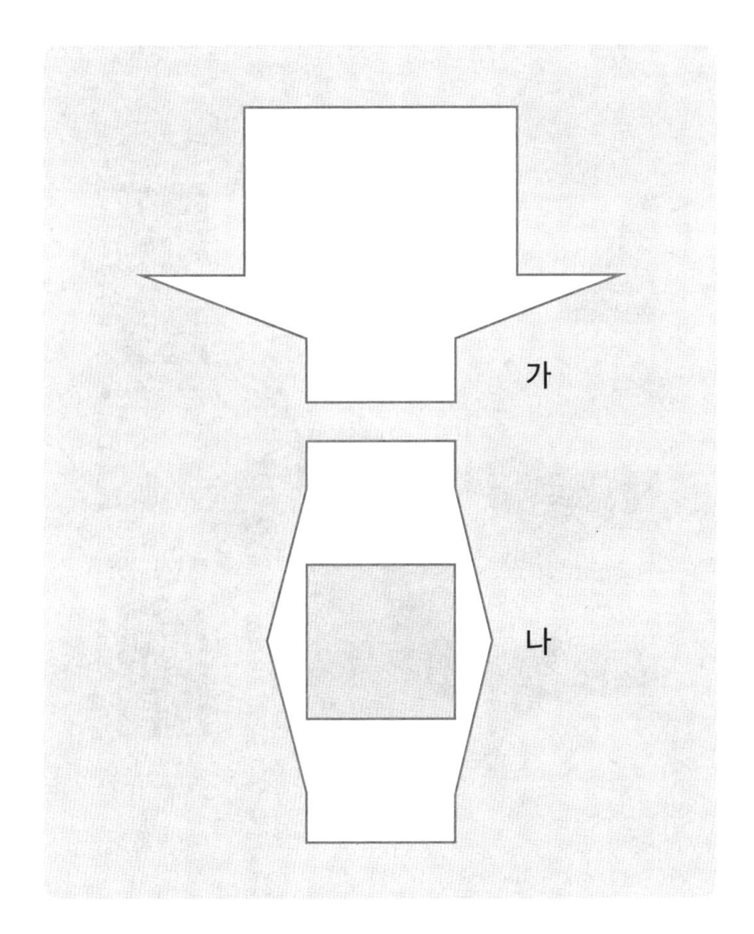

이미지 퍼즐

다음 퍼즐 조각을 알맞은 순서와 방향에 따라 정렬하면 하나의 알파벳이 나타납니다. 어떤 글자일까요?

※ 그림을 오리면 문제를 쉽게 풀 수 있습니다. 책의 마지막에 '오려 만들기' 페이지가 있습니다.

황금의 무게

똑같이 보이는 금덩어리 9개가 있습니다. 이 중 1개는 사실 다른 8개보다 조금 더 무겁습니다. 양팔저울을 단 두 번만 사용해서 무거운 금덩어리를 찾아보세요.

스마트폰 잠금 해제

스마트폰 비밀번호를 잊어버렸습니다. 수첩에 적어둔 힌트를 통해 스마트폰 잠금 화면을 해제해주세요.

- 비밀번호에는 1~8까지의 숫자가 한 번씩 들어간다.
- 왼쪽 끝과 오른쪽 끝에는 짝수만 들어간다.
- 2를 기준으로 왼쪽 두 칸과 오른쪽 두 칸에는 홀수만 들어간다.
- 왼쪽 숫자 네 개의 합과 오른쪽 숫자 네 개의 합은 같다.
- 오른쪽 끝 숫자에 2를 곱하면 왼쪽 끝의 숫자가 된다.
- 1은 왼쪽에서 다섯 번째 자리에 있다.
- 왼쪽에서 두 번째 숫자는 왼쪽에서 세 번째 숫자보다 작다.

깨진 계란

계란을 원형으로 늘어놓고 있습니다. 다음에 깨질 계란은 마지막 계란으로부터 몇 번째에 나타날까요?

대칭수

303, 9009처럼 좌우로 뒤집어도 같은 숫자가 되는 경우를 '대칭수'라고 부릅니다. 또한 29와 39 같은 수는 다음 과정을 거쳐 대칭수로 만들 수 있습니다.

29+92=121(대칭)

39+93=132 → 132+231=363(대칭)

어느 두 자리 수 A에 위와 같은 과정을 반복했더니 대칭수 363이 나왔습니다. A는 무엇일까요?

공간지각

다음 도형을 위에서 보면 어떤 모양이 될까요?

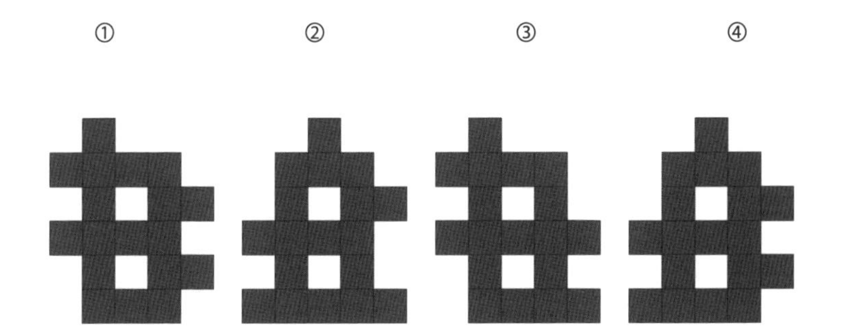

자기소개

네 사람이 모여 자기소개를 했습니다. 오늘 입은 옷 색깔, 좋아하는 과일, 고향에 대해서 이야기를 나눈 내용이 아래에 있습니다. 네 사람의 정보를 표에 정리해주세요.

· 바나나를 좋아하는 사람은 태민입니다.
· 민호는 하얀 옷을 입었고, 복숭아와 수박을 좋아하지 않습니다.
· 수정은 빨간 옷을 입지 않았습니다.
· 노란 옷을 입은 사람은 고향이 부산이며, 바나나를 싫어합니다.
· 딸기를 좋아하는 사람은 서울에서 태어나지 않았습니다.
· 대구에서 태어난 사람은 빨간 옷을 입지 않았습니다.
· 제시는 복숭아를 좋아하지 않으며, 대전에서 평생 지냈습니다.
· 파란 옷을 입은 사람은 대전에서 살고 있습니다.

이름	옷 색깔	좋아하는 과일	고향

나뭇잎의 수

30초 내에 다음 물음에 답해보세요.

\+ - = ?

거울 속으로

다음은 어떤 종이를 거울로 비추어 바라본 모습입니다. 문제를 눈으로만 읽고 10초 내에 빈칸을 채워보세요.

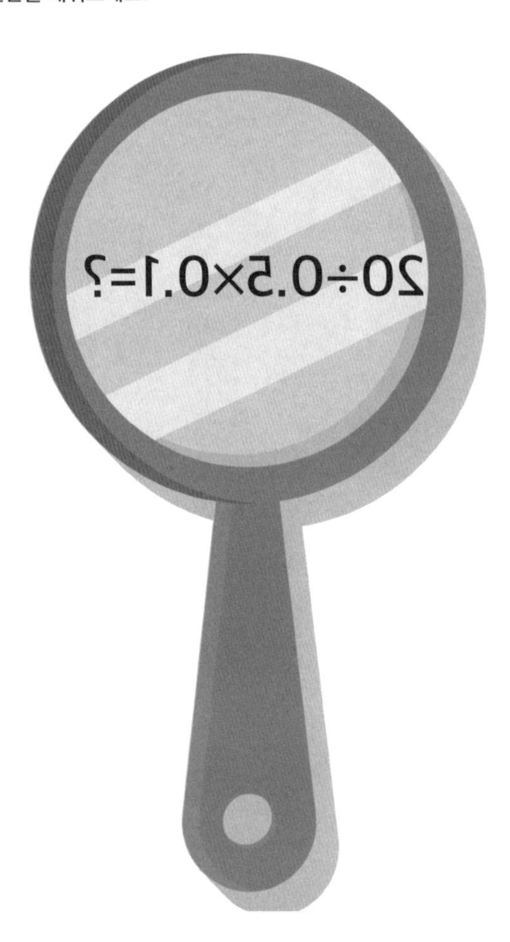

균형 맞추기

균형 상태를 이루고 있는 저울 세 개가 있습니다. 빈 접시에 A 1개, B 1개를 올린 뒤 모자란 무게만큼 C를 더하려고 합니다. C는 몇 개가 필요할까요?

선착순

어떤 선착순 게임에서 21등을 한 사람이 있습니다. 그런데 이 사람은 뒤에서부터 세었을 때도 21등이라고 합니다. 참가자는 모두 몇 명이었을까요?

스마일 마크

다음 중 얼굴이 다른 하나를 찾아보세요.

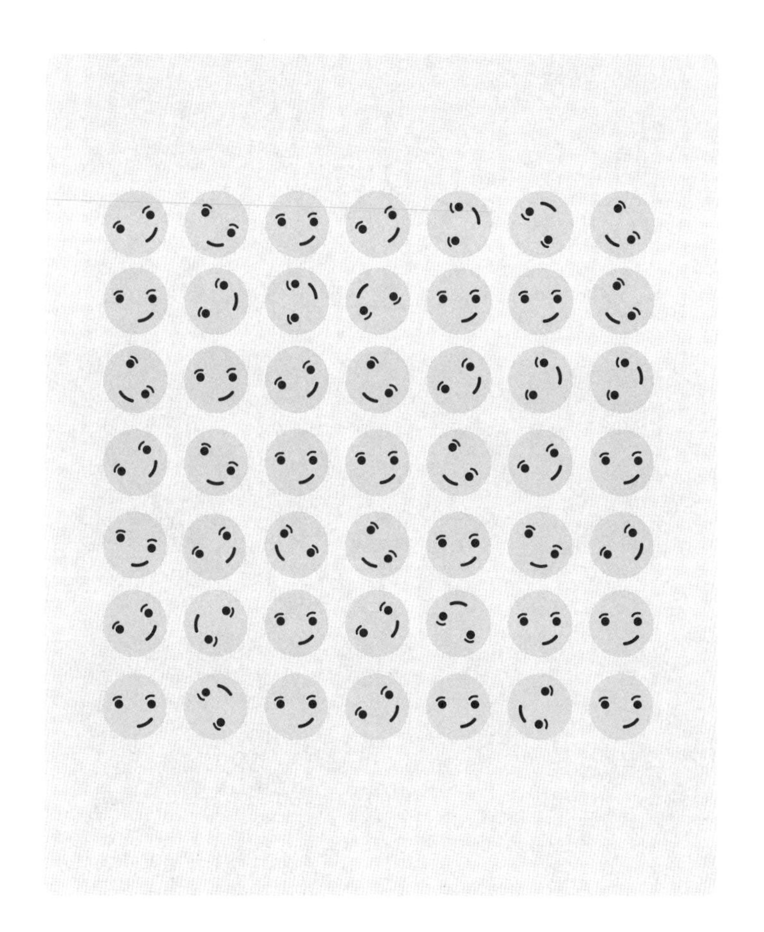

한붓그리기

종이에서 펜을 떼지 말고 다음 도형을 한 번에 그려보세요.

여러 가지 방법

다음 도형을 같은 모양으로 구등분하는 2가지 방법을 찾아보세요.

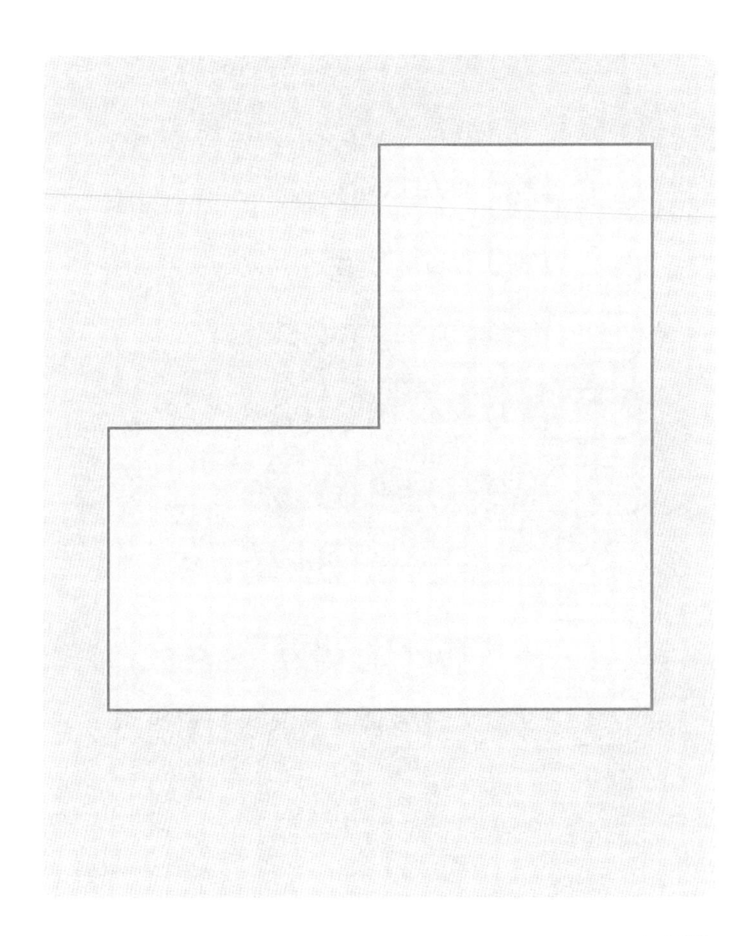

눈으로 풀기

다음 물음표에 들어갈 숫자를 구해보세요. 모두 계산하지 않아도 규칙을 찾으면 쉽게 추론할 수 있습니다.

$\boxed{?} \times 9 + 7 = 88$

$\boxed{?} \times 9 + 6 = 888$

$\boxed{?} \times 9 + 5 = 8888$

$\boxed{?} \times 9 + 4 = 88888$

$\boxed{?} \times 9 + 3 = 888888$

$\boxed{?} \times 9 + 2 = 8888888$

$\boxed{?} \times 9 + 1 = 88888888$

$\boxed{?} \times 9 + 0 = 888888888$

다른 그림 찾기

다음 두 그림에서 다른 곳 다섯 군데를 찾아보세요.

네 개의 4

숫자 4가 적힌 카드 네 장이 있습니다. 이 카드만으로 식을 세워 그 답이 0, 1, 2, 3, 4, 5, 6, 7, 8, 9, 10이 되도록 해보세요. 예를 들어 '44-44=0'이고 '(4+4+4)÷4=3'입니다.

좌표 찾기

보기의 그림과 일치하는 조각의 좌표를 찾아보세요.

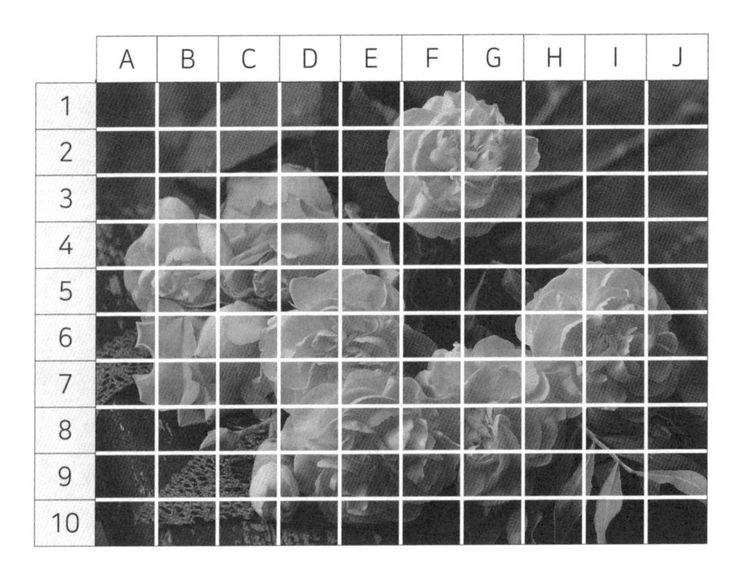

1)　　2)　　3)

3인용 자전거

세 사람이 함께 탈 수 있는 자전거가 있습니다. 이 자전거의 속도는 어떤 규칙에 따라 결정됩니다. 자전거가 반 바퀴만큼 움직였을 때의 속도는 얼마일까요?

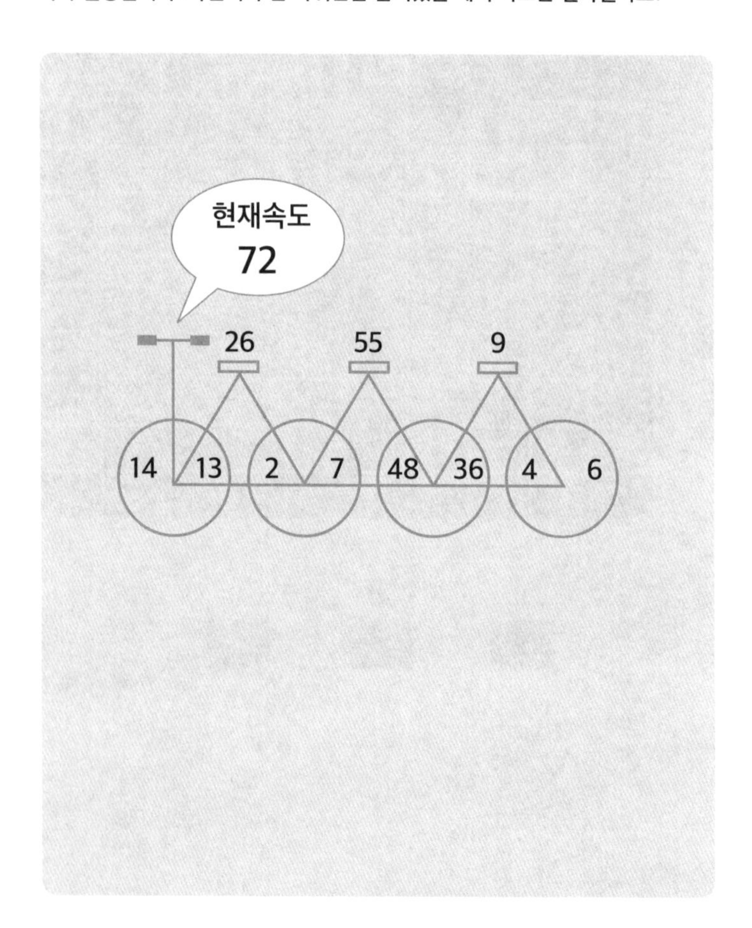

★

삼각 덧셈

다음 도형에는 여러 개의 삼각형이 있습니다. 각 꼭짓점의 숫자를 합하면 삼각형 속의 숫자가 됩니다. 빈칸에 알맞은 수는 무엇일까요? 단, 1~7이 한 번씩만 들어갈 수 있습니다.

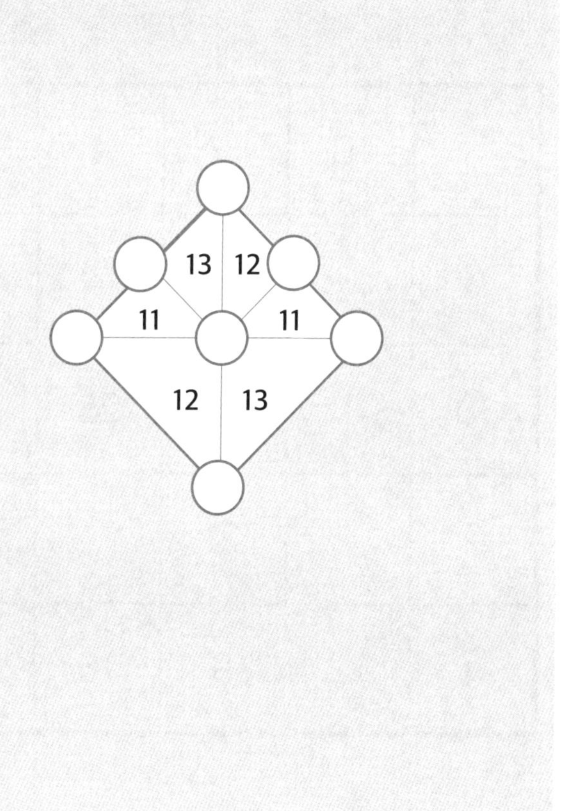

마방진

빈 칸에 알맞은 숫자를 찾아보세요.

·1~25까지의 수가 한 번씩 들어갑니다.
·가로/세로/대각선의 합은 모두 같습니다.

	10	17	4	
6		5		24
19	1		25	7
2		21		20
	22	9	16	

숫자 카드

0~9까지의 숫자와 연산기호가 적혀 있는 카드 한 묶음이 있습니다. 이 카드를 가지고 놀던 중 당신의 카드 '0'과 친구의 카드 '9'가 바뀌어버렸습니다. 가지고 있는 카드만을 이용해 답이 1111111111이 되는 식을 세워보세요. (단, 숫자 카드는 모두 사용해야 하며, 연산기호 카드는 일부만 사용할 수도 있습니다.)

오각수

바둑돌을 정오각형 모양에 맞춰 늘어놓고 있습니다. 10번째 단계에서는 모두 몇 개의 바둑돌을 사용해야 할까요?

사각형 찾기

다음 그림에 있는 정사각형의 개수를 구해보세요.

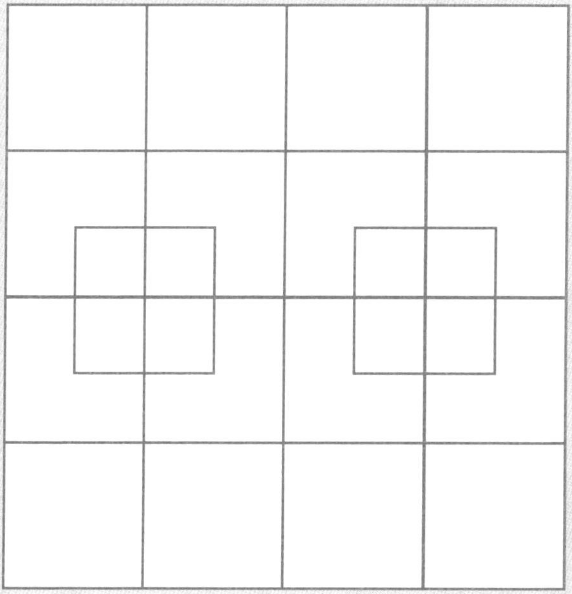

물 옮기기

8리터, 5리터, 3리터짜리 물병이 있습니다. 8리터 물병에 가득 담겨 있는 물을 정확히 반만 버리고 싶습니다. 어떻게 하면 될까요?

알파벳 스도쿠

다음은 스도쿠 문제입니다. 가로, 세로, 굵은 선 안에 A~I의 알파벳이 한 번씩만 들어가도록 해야 합니다. 규칙에 따라 빈칸에 알맞은 답을 채워보세요.

	D			B			H	
B		F	G			C		E
	I		E	D			G	
						D	C	
F		A		G		E		H
	B	G						
	E			I	H		F	
I		C			G	H		D
	G			E			I	

짝 맞추기

다음 그림 중 같은 것을 두 개씩 묶어 짝을 지을 때, 짝이 없는 것이 하나 있습니다. 어느 것일까요?

빈칸 추론

빈칸에 들어갈 알맞은 숫자를 구해보세요.

111 = 13

112 = 24

113 = 35

114 = 46

115 = 57

117 = ?

연필 옮기기

아래 성냥개비 중 하나만 옮겨 식을 바르게 만들어주세요.

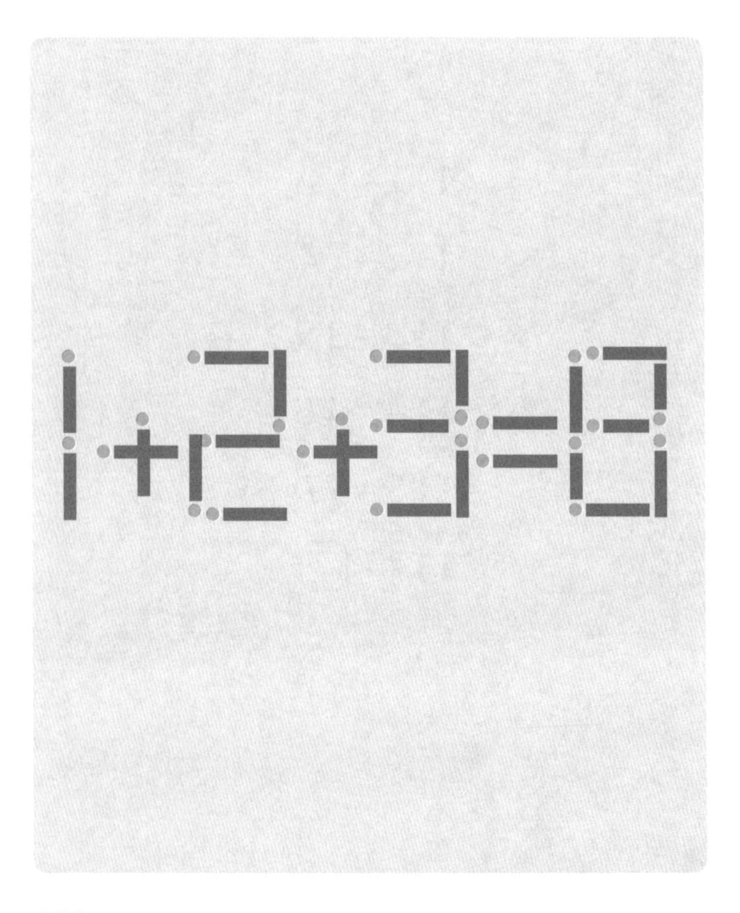

완전수

자신을 제외한 약수 중 자연수인 것을 모두 더했을 때 자기 자신이 되는 경우를 완전수라고 부릅니다. 아래에 나와 있는 6은 가장 작은 완전수이며 496은 세 번째로 작은 완전수입니다. 그렇다면 두 번째로 작은 완전수는 무엇일까요?

$$6 = 1 + 2 + 3$$

$$496 = 1 + 2 + 4 + 8 + 16 + 31 + 62 + 124 + 248$$

경우의 수

다음과 같은 회의실이 있습니다. 여섯 명의 사람이 자리에 둘러앉는 경우의 수는 몇 가지일까요?

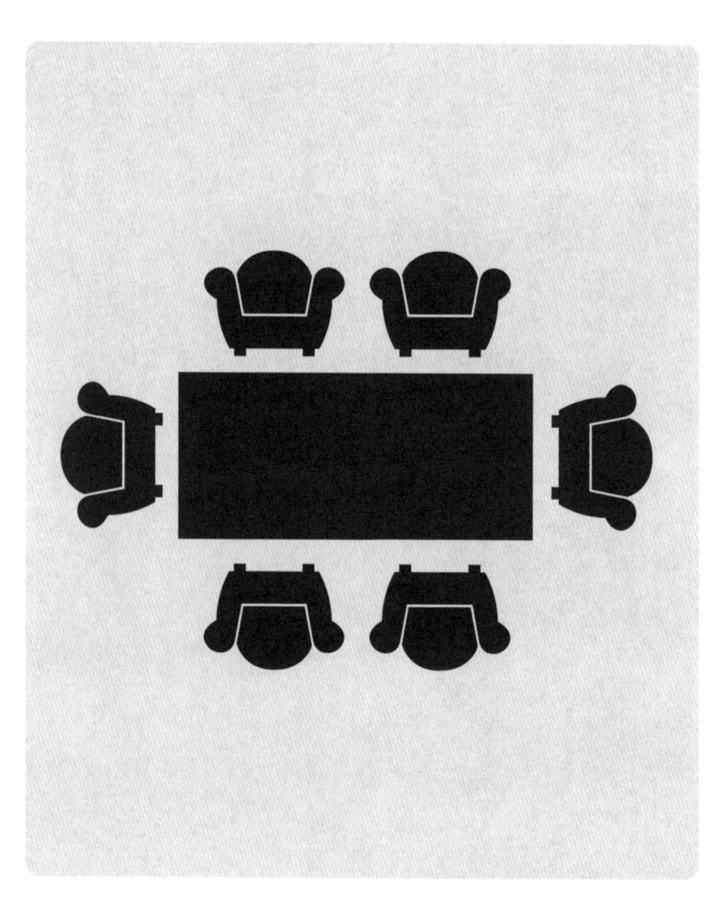

별 나누기

선을 두 개만 그려서 삼각형 10개를 만들어보세요.

단순한 계산

빈칸에 알맞은 수를 구해보세요.

$$1+2+3+4$$

$$5+6+7+8$$

$$9+1\times 0+1= \boxed{?}$$

넷으로 나누기

다음 도형을 사등분해보세요. 단, 모든 조각의 모양은 동일해야 합니다.

천국으로 가는 길

당신은 갈림길에 도착했습니다. 한쪽 길이 끝나는 곳에는 천사의 마을, 다른 쪽 길이 끝나는 곳에는 악마의 마을이 있습니다. 천사는 진실만 말하고, 악마는 거짓만 말합니다. 어느 쪽 길로 가야 하는지 모르는 당신 앞에 누군가 나타나 단 한 번의 질문을 들어주겠다고 했습니다. 그런데 그가 천사인지 악마인지 외모만으로는 알 방법이 없습니다. 어떤 질문을 하면 천사의 마을에 도착할 수 있을까요?

시간 재기

4분과 7분을 잴 수 있는 모래시계가 있습니다. 이 두 모래시계만 이용해서 정확히 9분을 측정하려면 어떻게 해야 할까요?

반으로 나누기

다음 직육면체를 반으로 나누어 육각형 모양의 단면이 나오도록 해보세요.

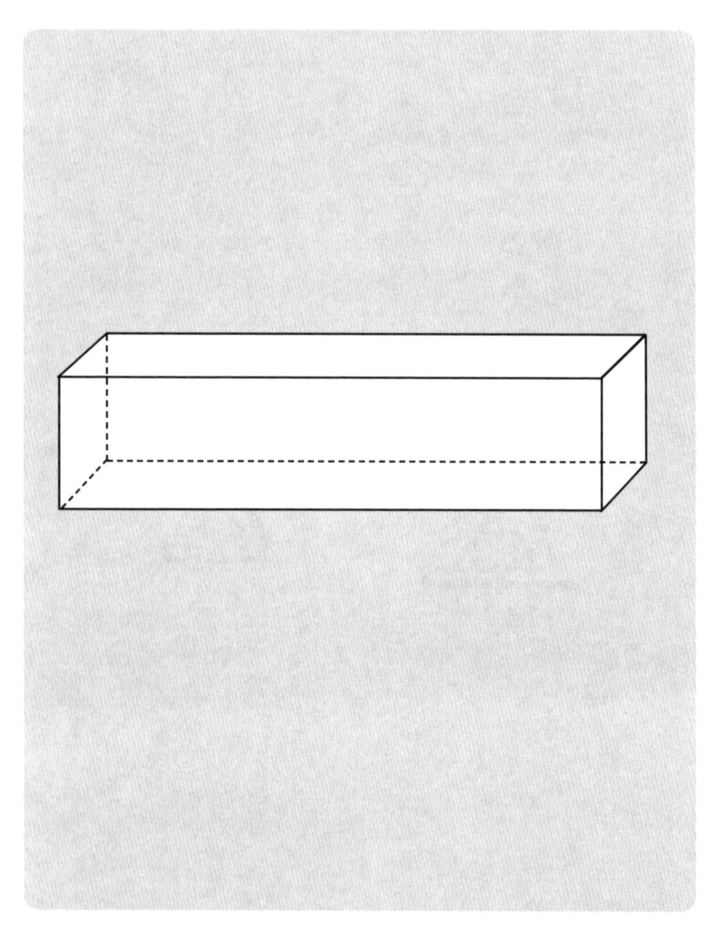

울타리 치기

목장에 아홉 마리의 젖소가 있습니다. 사각형 모양의 울타리를 두 번만 더해 모든 젖소를 따로 분리해주세요.

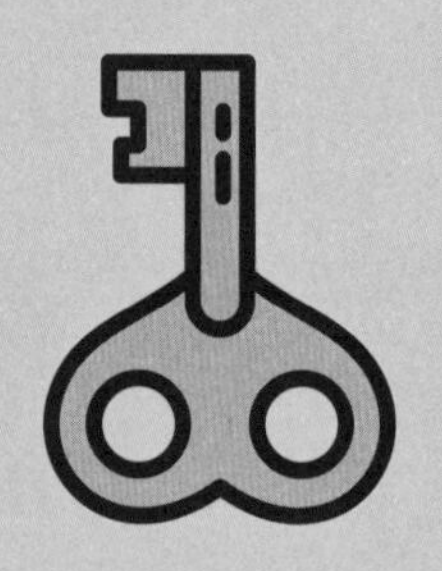

정답과 풀이

★ 10쪽 정답 연필깎이

★ 11쪽 정답 ZERO

3	2	2	2	2	2	3
1	3	3	2	2	3	2
2	4	2	1	1	2	3
3	3	1	1	2	3	2
2	2	3	2	2	2	3
2	2	2	0	2	2	2
2	2	2	2	2	2	2
2	4	2	2	2	3	2
1	1	2	2	2	2	2
1	2	3	1	2	3	2
3	3	4	2	2	2	2

★ 12쪽 정답

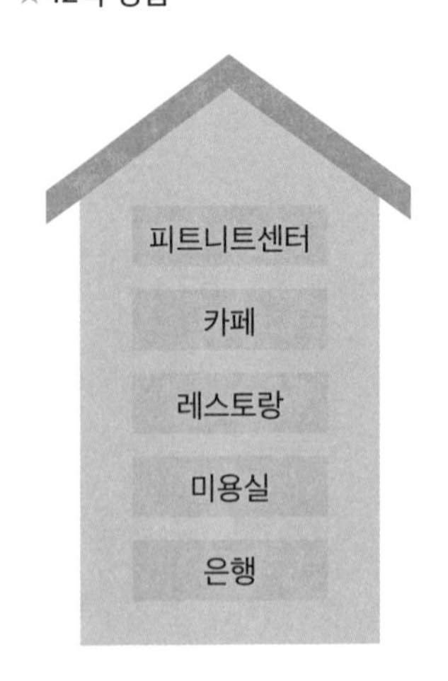

★ 13쪽 정답

· 6개

· 2층 왼쪽에서 4번째 창문과 5번째 창문 사이

· 오른쪽

★ 14쪽 정답

3	6	2	5	7	4	9	1	8
5	1	4	9	8	6	2	3	7
7	8	9	2	3	1	6	4	5
4	2	3	7	6	8	5	9	1
6	5	8	1	2	9	3	7	4
9	7	1	3	4	5	8	2	6
8	3	7	6	1	2	4	5	9
2	4	5	8	9	7	1	6	3
1	9	6	4	5	3	7	8	2

★ 15쪽 정답 74

풀이

2+2=4

4+4=8

8+6=14

14+8=22

…

58+16=74

★ 16쪽 정답

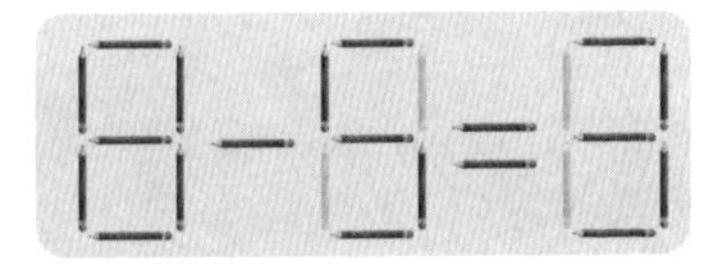

★ **17쪽 정답**

21	×	3	-	6	=	57
×		+		×		
3	+	24	÷	3	=	11
-		÷		-		
54	-	3	×	10	=	24
=		=		=		
9	+	11	+	8	=	28

★ **18쪽 정답** 2시간 59분

풀이 한 마리가 두 마리로 늘어날 때에 비해 1분이 줄어듭니다.

★ **19쪽 정답**

★ **20쪽 정답** 반시계 방향

★ **21쪽 정답** 49 또는 58

풀이 49+94=143 →143+341=484

58+85=143 → 143+341=484

★ **22쪽 정답** 나중에 시작해야 합니다.

풀이 각 말이 빗금 친 영역에 들어가려면 제일 위의 말은 6번, 그 다음 말은 4번, 그 다음 말은 2번 이동해야 합니다. 어떤 말을 먼저 움직이든 총 12번이 지나야 게임이 끝나게 됩니다. 그러므로 나중에 시작하는 사람이 승리할 수밖에 없습니다.

★ **23쪽 정답** ③

★ **24쪽 정답** H

풀이 세 가지 조건을 모두 충족하면서 마지막 조건을 충족하지 않으려면 H에 속해야 합니다.

★ **25쪽 정답**

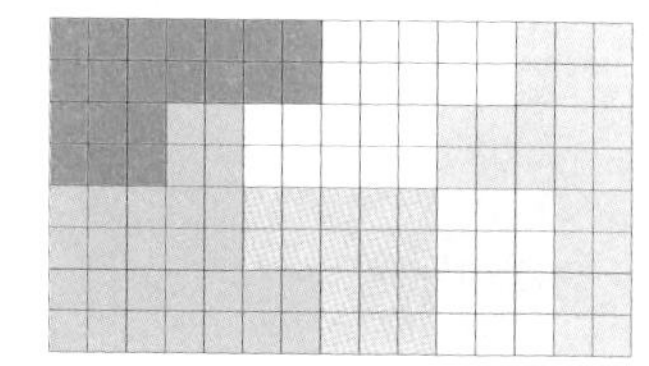

★ 26쪽 정답

8	3	4
1	5	9
6	7	2

★ 27쪽 정답 15

풀이

9×7=63

8×6=48

7×5=35

6×4=24

5×3=15

★ 28쪽 정답 11111111

풀이 11111111×11111111=123456787654321입니다. 계산해보지 않아도 정답인 123456787654321의 가장 가운데 숫자(8)를 찾고, 1을 그 숫자만큼 나열하면 정답입니다.

★ 29쪽 정답 46

풀이

3부터 숫자 4개를 더하면 3+4+5+6=18

4부터 숫자 3개를 더하면 4+5+6=15

5부터 숫자 2개를 더하면 5+6=11

6부터 숫자 2개를 더하면 6+7=13

10부터 숫자 4개를 더하면 10+11+12+13=46

★ 30쪽 정답

51명의 동료와 보물을 똑같이 나눕니다.

풀이 과반수의 동의를 얻어야 하므로 51명 이상의 지지를 얻어야 합니다. 대신 너무 많은 수의 동료와 보물을 나누면 당신의 몫이 줄어들게 됩니다.

★ 31쪽 정답 ①

★ 32쪽 정답

★ 33쪽 정답 ÷ × + -

★ 34쪽 정답 12222131

풀이

두 번째 자리의 11은 그 앞에 1이 1개 있다는 뜻, 세 번째 자리의 12는 그 앞에 1이 2개 있다는 뜻, 네 번째 자리의 1121은 그 앞에 1이 1개 2가 1개 있다는 뜻입니다. 같은 방식으로 물음표 자리에는 '1이 2개, 2가 2개, 1이 1개, 3이 1개'라는 뜻에서 12221131이 들어가야 합니다.

★ 35쪽 정답

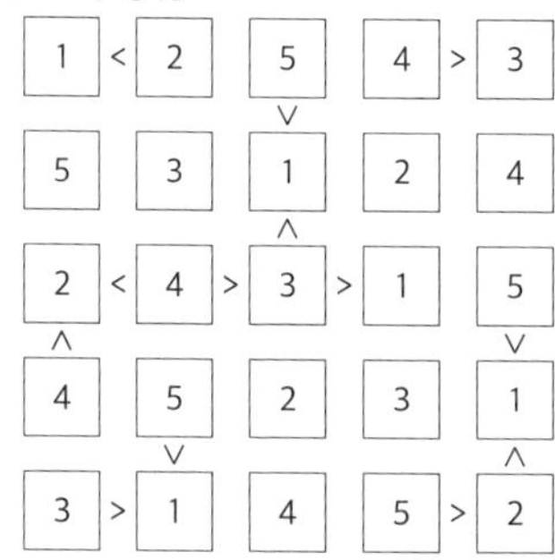

★ 36쪽 정답

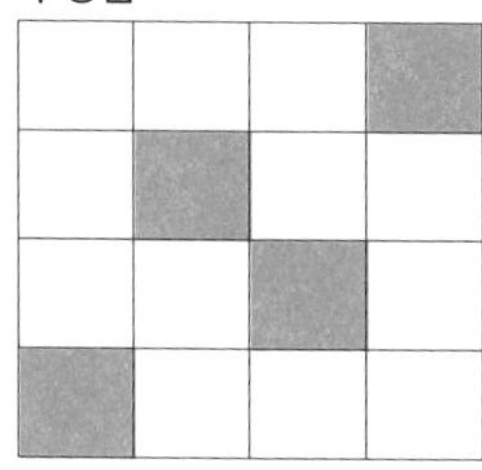

풀이

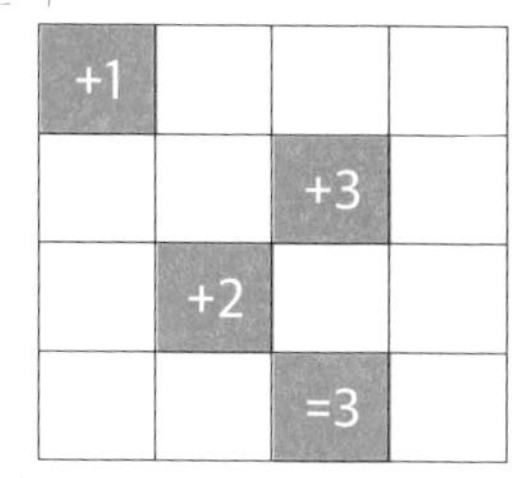

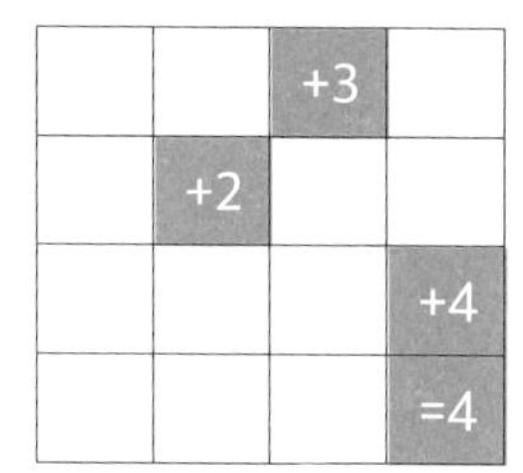

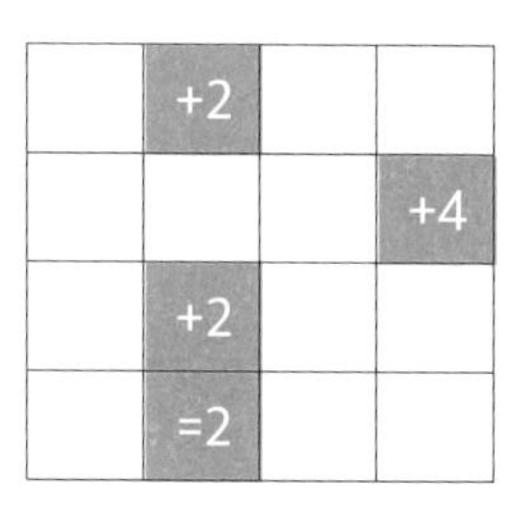

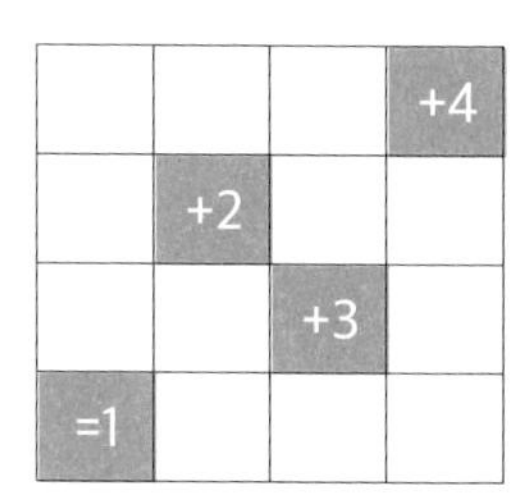

★ 37쪽 정답 113

풀이

8+3=11, 8-3=5, 8◎3=115
9+1=10, 9-1=8, 9◎1=108
6+2=8, 6-2=4, 6◎2=84
2+1=3, 2-1=1, 2◎1=31
7+4=11, 7-4=3, 7◎4=113

★ 38쪽 정답 ③

★ 39쪽 정답

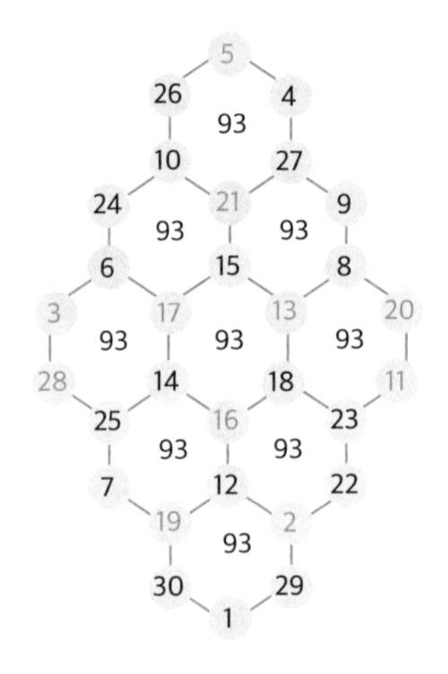

★ 40쪽 정답 1000

풀이 1/2로 나누는 것은 2를 곱하는 것과 같습니다.

★ 41쪽 정답

★ 42쪽 정답 1개의 상자를 개봉하면 됩니다.

풀이

1단계 - '농구공과 축구공'이라고 적혀 있는 상자를 열어 내용물을 확인합니다. 2단계 - 모든 이름표가 잘못 붙어 있다는 점을 고려해볼 때 위의 상자에 농구공이 들어 있다면 '농구공'이라고 적힌 상자에는 '축구공'이 들어 있을 것이고, 위의 상자에 축구공이 들어 있다면 '축구공'이라고 적힌 상자에는 '농구공'이 들어 있을 것입니다.

3단계 - 나머지 한 상자에는 두 공이 섞여서 들어 있게 됩니다.

이 추론 과정을 위해 상자는 1개만 개봉하면 됩니다.

★ 43쪽 정답

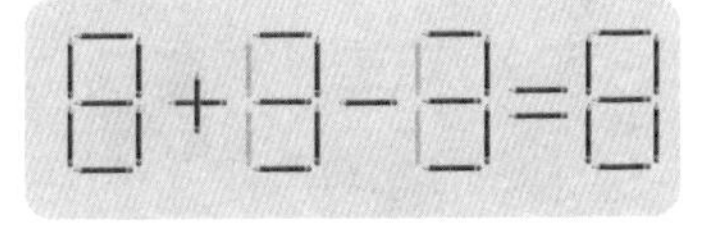

★ 44쪽 정답 A는 다섯 량, B는 일곱 량이 연결된 기차를 몰고 있습니다.

★ **45쪽 정답** 19번

풀이 1루, 2루, 3루, 홈의 순서로 보면 소수의 나열이 됩니다. (2, 3, 5, 7, 11, 13, 17, 19)

★ **46쪽 정답** 3

★ **47쪽 정답**

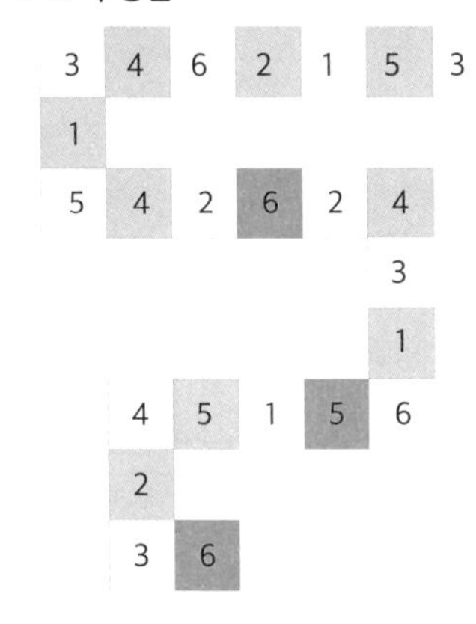

풀이 여섯 칸씩 나누어서 보면, 1~6의 숫자가 한 번씩 들어가 있습니다.

★ **48쪽 정답** 2

풀이

피자 조각 별로 숫자를 계산해보면 다음과 같습니다.

23×6-38=100

5×25-25=100

17×7-19=100

51×2-2=100

10×12-20=100

35×3-5=100

★ **49쪽 정답** 100개

★ **50쪽 정답** 강

★ **51쪽 정답** X

풀이 가로로 절반 접었을 때, 상하 대칭이 되는 알파벳을 순서대로 나열한 것입니다.

★ **52쪽 정답**

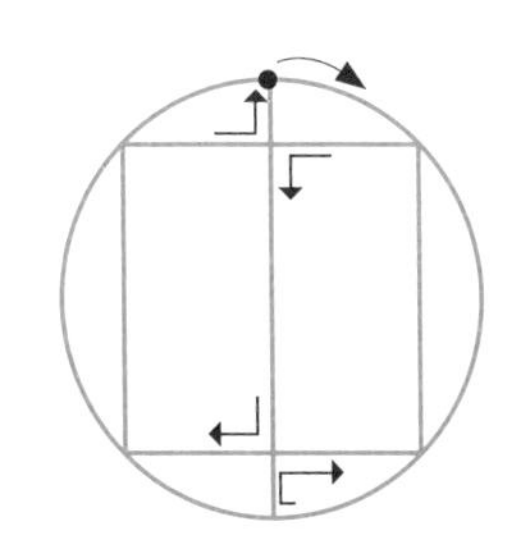

★ **53쪽 정답** 2표

이응(ㅇ)과 미음(ㅁ)처럼 글자에서 닫힌 공간의 숫자만큼 표를 받았습니다.

★ **54쪽 정답** 1) D9 2) I6 3) J4

★ **55쪽 정답** ○=8, □=1

★ **56쪽 정답**

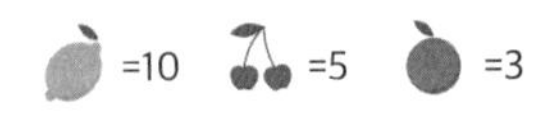

★ **57쪽 정답** 20

풀이 첫 번째 식의 경우, 시계의 작은 바늘이 6에 있을 때와 4에 있을 때의 시간 차이는 10분입니다.
두 번째 식의 경우, 시계의 작은 바늘이 8에 있을 때와 5에 있을 때의 시간 차이는 15분입니다.

★ **58쪽 정답** ⑥

풀이

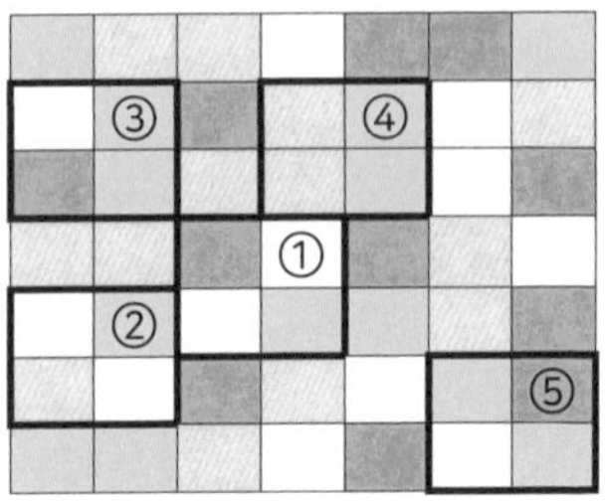

★ **59쪽 정답** 32

알파벳 중 자음만 골라 순서대로 값을 매긴 것입니다.
B=1, C=2, D=3, F=4….

★ **60쪽 정답** 37

블록의 숫자를 가로로 더하면 37이며, 첫 번째 줄에는 블록이 하나뿐이므로 정답은 역시 37입니다.

★ **61쪽 정답** 다음을 지워도 당첨자는 여전히 C와 E입니다.

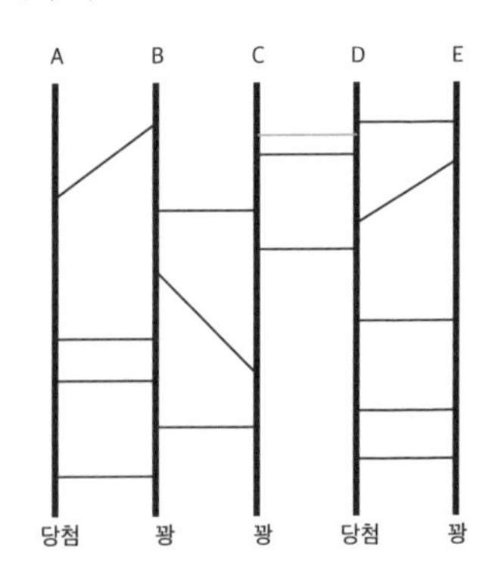

★ 62쪽 정답

풀이

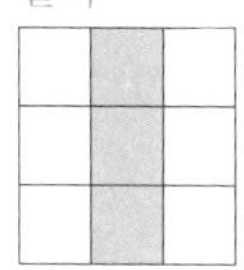

는 전체를 하나의 표로 볼 때, 가로와 세로에 한 번씩만 등장합니다. ■ 는 전체를 하나의 표로 볼 때, 마름모 모양을 따라 등장합니다. ■ 는 ■ 를 기준으로 세 칸 뒤에 등장합니다.

(아래 표 참고)

1	2	3
4	5	6
7	8	9

★ 63쪽 정답 16

풀이

$$\frac{10+\mathrm{Sin}x}{n}=16$$

★ 64쪽 정답 □=37, ○=10

★ 65쪽 정답 가 - ④ 나 - ①

★ 66쪽 정답 10

풀이

1÷10=0.1

1÷5=0.2

3÷10=0.3

2÷5=0.4

★ 67쪽 정답 63퍼센트

풀이 전체 100칸 중 63칸이 색으로 채워져 있습니다.

★ 68쪽 정답 배

★ 69쪽 정답

밧줄의 양쪽 끝에 불을 붙입니다. 그러면 중간 지점까지 타들어가는 데 30분이 걸립니다.

★ 70쪽 정답

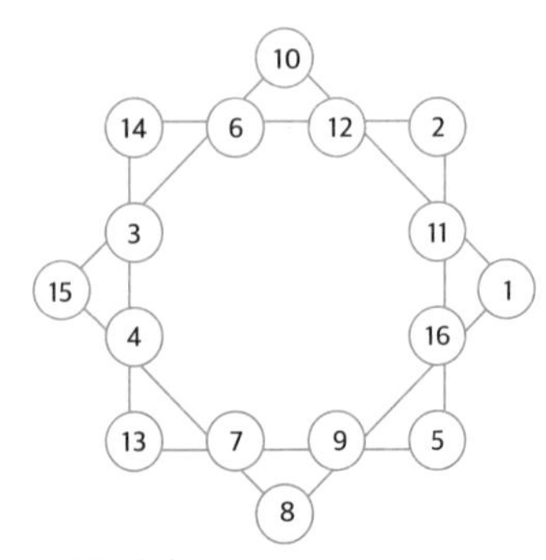

★ 71쪽 정답 B

풀이 A는 삼각형 4개, B는 5개로 이뤄져 있습니다.

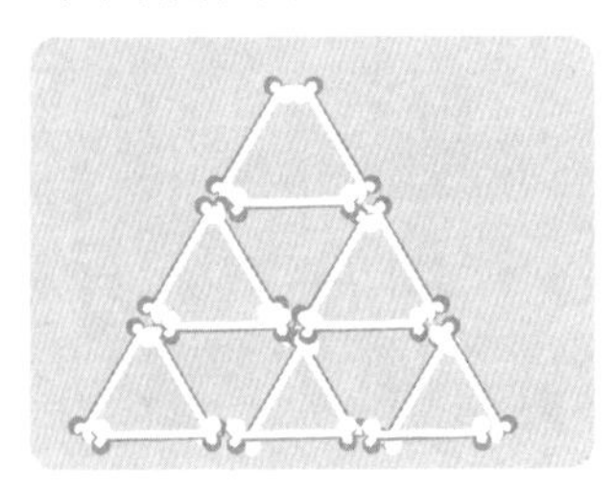

★ 72쪽 정답

두 모래시계를 동시에 뒤집습니다. 작은 모래시계에서 모래가 모두 떨어졌을 때, 큰 모래시계에는 2분 분량의 모래만 남아 있게 됩니다. (7-5=2)

작은 모래시계를 바로 뒤집습니다. 큰 모래시계의 모래가 모두 떨어지는 순간 작은 모래시계에는 3분 분량의 모래가 남게 됩니다. (5-2=3)

다시 큰 모래시계를 뒤집고, 작은 모래시계의 모래가 모두 떨어지기를 기다립니다. 이번에는 큰 모래시계에 4분 분량의 모래가 남게 됩니다. (7-3=4)

작은 모래시계를 뒤집고 큰 모래시계의 4분을 기다리면, 작은 모래시계에 1분 분량의 모래가 남게 됩니다. (5-4=1)

작은 모래시계의 1분 분량 모래가 모두 떨어지자마자 뒤집어서 다시 5분을 기다리면 총 6분을 잴 수 있습니다.

★ 73쪽 정답 10

풀이

(4+7)×(6-3)=33

(9+1)×(5-4)=10

(5+7)×(9-5)=48

(2+8)×(5-4)=10

★ 74쪽 정답 34만 원

풀이 (31+10+27)÷2=34

★ 75쪽 정답

★ 76쪽 정답

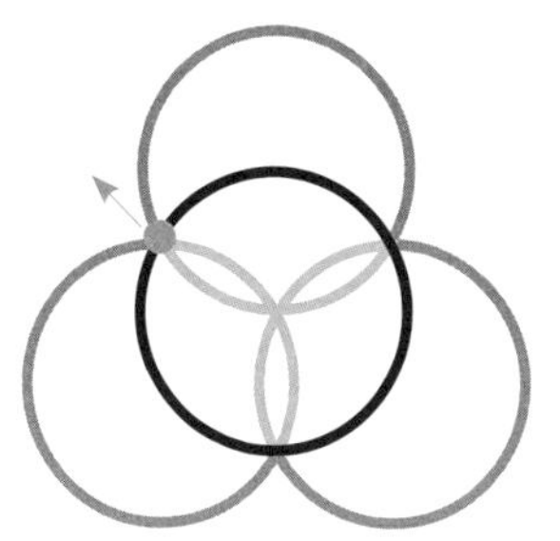

■ 색, ■ 색, ■ 색 선을 순서대로 그려주세요.

★ 77쪽 정답 8+8+8+88+888

★ 78쪽 정답

★ 79쪽 정답

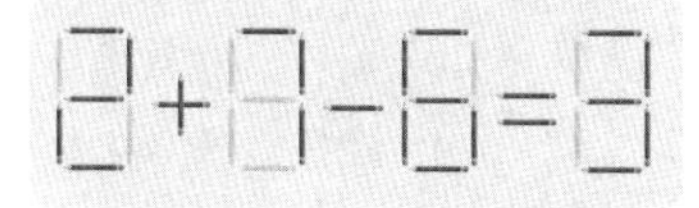

★ 80쪽 정답

D	A	F	I	G	H	C	B	E
G	C	B	E	A	D	F	I	H
I	H	E	B	F	C	A	G	D
B	E	D	C	I	A	H	F	G
H	G	A	F	E	B	I	D	C
F	I	C	H	D	G	E	A	B
A	D	I	G	C	E	B	H	F
E	F	H	D	B	I	G	C	A
C	B	G	A	H	F	D	E	I

★ 81쪽 정답 2명

★ 82쪽 정답

- 다섯 명
- 세 번째
- 65, 70, 51, 44, 55

★ 83쪽 정답

16	2	3	13
5	11	10	8
9	7	6	12
4	14	15	1

★ 84쪽 정답 20개

풀이

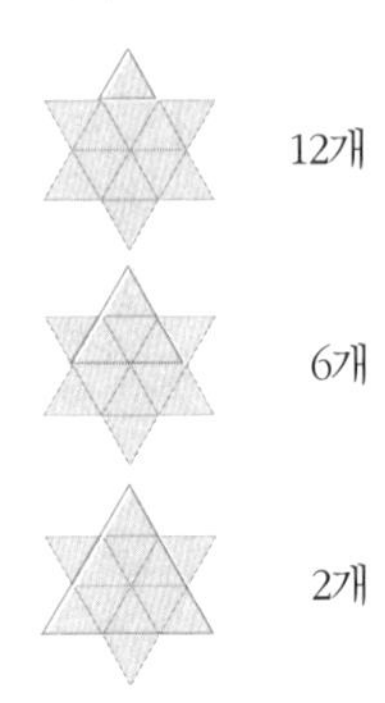

★ 85쪽 정답

고양이와 닭과 코끼리가 함께 탄 시소가 망가졌습니다.

풀이 고양이와 닭의 무게를 더했을 때 코끼리의 무게보다 무겁다고 가정해봅시다. 그렇다면 고양이와 여우의 무게를 더했을 때 코끼리의 무게와 같다는 점을 고려해볼 때 닭이 여우보다 무거워야 한다는 점을 알 수 있습니다. 닭과 여우가 탄 시소를 보면 닭이 여우보다 가벼워야 합니다. 닭과 여우가 탄 시소가 망가졌다고 생각할 수도 있지만, 이 경우에는 고양이와 닭이 탄 시소, 고양이와 여우가 탄 시소도 함께 망가졌다고 추론해야 합니다. 그런데 망가진 시소는 단 한 개이므로 정답은 고양이와 닭과 코끼리가 함께 탄 시소입니다.

★ 86쪽 정답

1	+	2	-	3	=	0
×		-		×		
56	÷	8	+	33	=	40
×		÷		-		
2	×	4	+	9	=	17
=		=		=		
112	-	0	-	90	=	22

★ 87쪽 정답 1

풀이

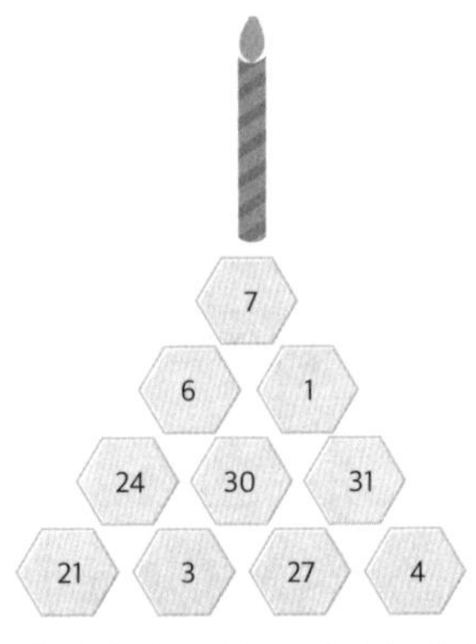

가장 아래에 위치한 단의 숫자를 더하면 그 위의 숫자가 됩니다. 아래에서 두 번째 단의 숫자를 서로 빼면 그 위의 숫자가 됩니다. 이 숫자를 다시 더하면 가장 위의 숫자가 됩니다.

★ **88쪽 정답**

종을 팔고 있는 여성이 범인입니다.

풀이 계산기를 뒤집어 보면 'ShE SELLS bELL'이라는 문구가 나옵니다.

★ **89쪽 정답** ①

★ **90쪽 정답**

A=1, B=4, C=2, D=8, E=5, F=7

풀이 142+857=999고, 14+28+57=99입니다.

★ **91쪽 정답** 가

풀이

■ =1이라고 할 때 가=16, 나=14입니다.

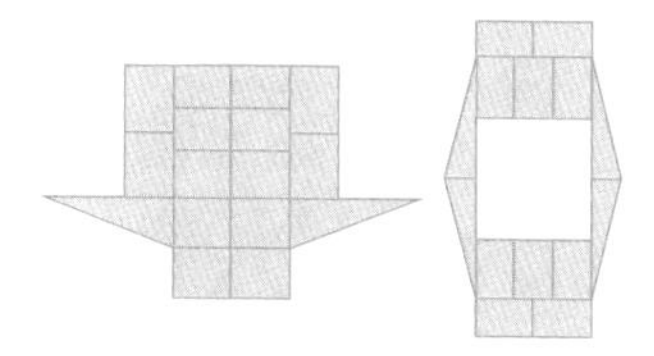

★ **92쪽 정답**

★ **93쪽 정답**

금덩어리를 3개씩 묶어 A, B, C 그룹으로 나눕니다.

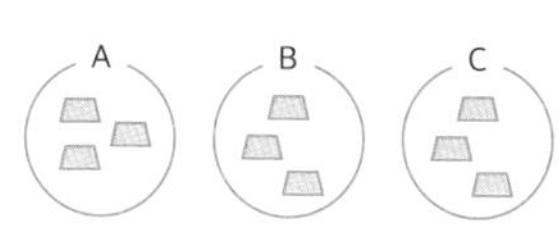

A와 B 그룹을 저울에 올립니다. 이때 A나 B 중 한쪽이 더 무겁다면 그 그룹에 찾으려는 금덩어리가 있다고 볼 수 있습니다.

A와 B가 수평을 이룬다면 C 그룹에 무거운 금덩어리가 있는 것입니다. 위의 추론을 통해 무거운 금덩어리가 속해 있는 그룹을 찾았으면 그 그룹에 속해 있는 세 금덩어리를 두고 같은 방법을 사용합니다.

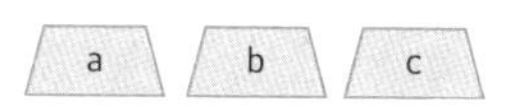

a와 b를 저울에 올려 둘 중 하나가 더 무거운지 확인합니다. 만일 두 개의 무게가 같다면 c가 무거운 금덩어리입니다.

★ **94쪽 정답** 83521764

★ **95쪽 정답** 아홉 번째 계란

풀이 원주율(3.14159…)에서 소수점 이하 부분의 수를 수열로 만들어보세요.

★ **96쪽 정답** 48 또는 57

풀이

48+84=132 → 132+231=363

57+75=132 → 132+231=363

★ 97쪽 정답 ①

★ 98쪽 정답

이름	옷 색깔	좋아하는 과일	고향
태민	빨간 옷	바나나	서울
수정	노란 옷	복숭아	부산
제시	파란 옷	수박	대전
민호	하얀 옷	딸기	대구

★ 99쪽 정답 9

★ 100쪽 정답 4

★ 101쪽 정답 4개

★ 102쪽 정답 41명

★ 103쪽 정답

★ 104쪽 정답

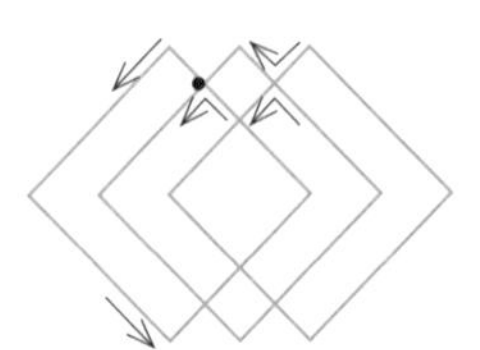

★ 105쪽 정답

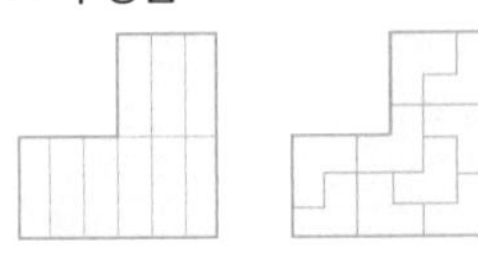

★ 106쪽 정답

$9\times9+7=88$

$98\times9+6=888$

$987\times9+5=8888$

$9876\times9+4=88888$

$98765\times9+3=888888$

$987654\times9+2=8888888$

$9876543\times9+1=88888888$

$98765432\times9+0=888888888$

★ 107쪽 정답

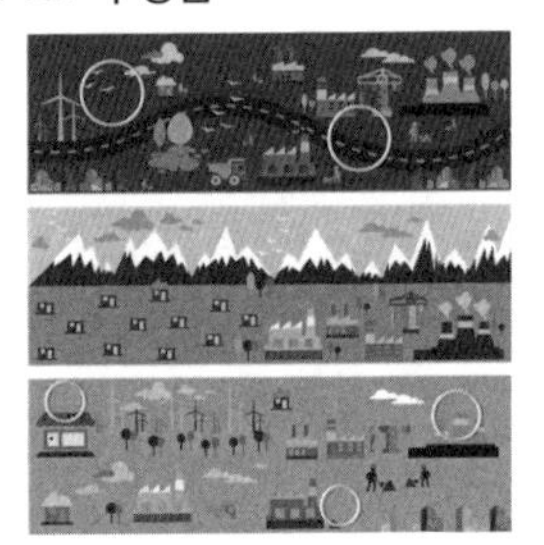

★ 108쪽 정답

$0=44-44$

$1=44\div44$

$2=4\div4+4\div4$

$3=(4+4+4)\div4$

$4=4+4\times(4-4)$

$5=(4\times4+4)\div4$

6=(4+4)÷4+4

7=44÷4-4

8=4+4+4-4

9=(4+4)+(4÷4)

10=(44-4)÷4

★ **109쪽 정답** 1) A6 2) H9 3) E4

★ **110쪽 정답** 128

풀이

현재 속도의 비밀은 다음과 같습니다.

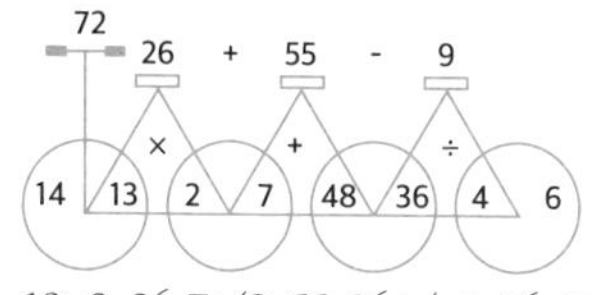

13×2=26, 7+48=55, 36÷4=9, 26+55-9=72

반 바퀴 돌아갔을 때의 속도는 같은 방식에 의해서 128이 됩니다.

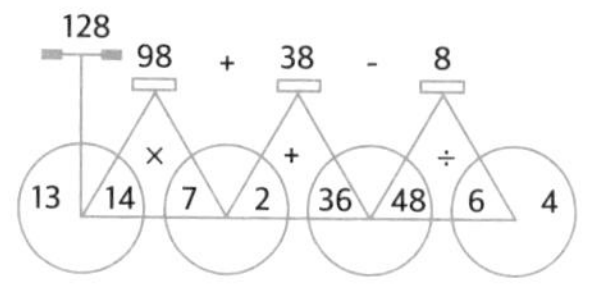

★ **111쪽 정답**

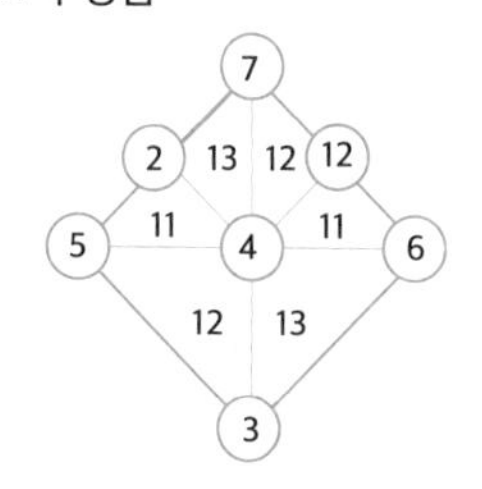

★ **112쪽 정답**

23	10	17	4	11
6	18	5	12	24
19	1	13	25	7
2	14	21	8	20
15	22	9	16	3

★ **113쪽 정답**

12345678×9+9=111111111

★ **114쪽 정답** 145개

★ **115쪽 정답** 40개

풀이

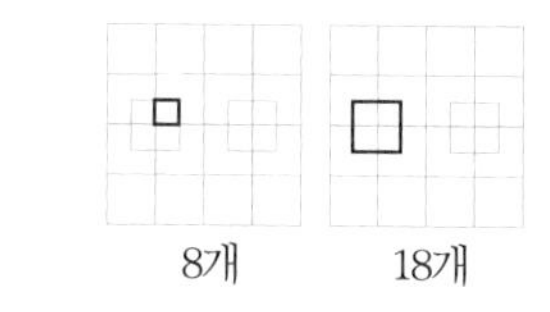

8개 18개

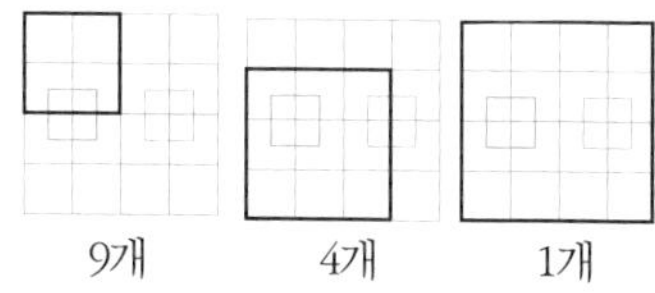

9개 4개 1개

★ **116쪽 정답**

8리터 물병의 물을 5리터 물병이 가득 찰 때까지 옮겨 붓습니다. 5리터 물병의 물을 다시 3리터 물병이 가득 찰 때까지 옮겨 붓습니다. 3리터 물병의 물을 전부 8리터 물병으로 옮겨 붓습니다. 이제 8리터 물병에는 6리터, 5리터 물병에는 2리터, 3리터 물병에는 0리터의 물이 있습니다.
5리터 물병의 물을 전부 3리터 물병으로 옮깁니다.8리터 물병에 있는 물 중 일부를 5리터 물병이 가득 찰 때까지 옮겨 붓습니다. 이제 8리터 물병에는 1리터, 5리터 물병에는 5리터, 3리터 물병에는 2리터의 물이 있습니다. 5리터 물병의 물 중 일부를 3리터 물병이 가득 찰 때까지 옮겨 붓습니다. 그럼 5리터 물병에는 4리터의 물이 남게 됩니다.

★ 117쪽 정답

G	D	E	F	B	C	I	H	A
B	A	F	G	H	I	C	D	E
C	I	H	E	D	A	B	G	F
E	H	I	A	F	B	D	C	G
F	C	A	I	G	D	E	B	H
D	B	G	H	C	E	F	A	I
A	E	D	C	I	H	G	F	B
I	F	C	B	A	G	H	E	D
H	G	B	D	E	F	A	I	C

★ 118쪽 정답 원두 자루

★ 119쪽 정답 79

풀이 문제의 식을 ABC=DE라고 생각할 때 D=C, E=A+B+C입니다.

★ 120쪽 정답

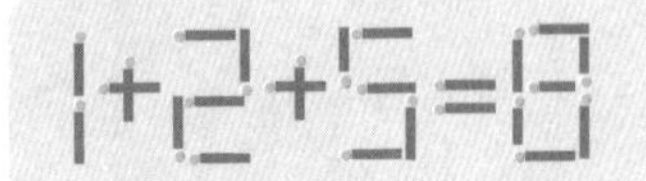

★ 121쪽 정답 28

풀이 28=1+2+4+7+14

★ 122쪽 정답 360가지

풀이 여섯 명의 이름을 A, B, C, D, E, F라고 가정합니다. A를 기준으로 정하고 차례대로 시계방향에 따라 둘러앉는 경우의 수는 5×4×3×2×1, 즉 120가지입니다. 그런데 A가 가, 나, 다에 앉는 것은 모두 다릅니다. 한편 라, 마, 바에 앉는 것은 각각 가, 나, 다에 앉는 것과 같습니다. 그러므로 처음에 구한 120가지 경우가 가, 나, 다 중 어느 곳을 시작점으로 삼을지 마저 구해야 하므로 답은 360이 됩니다.

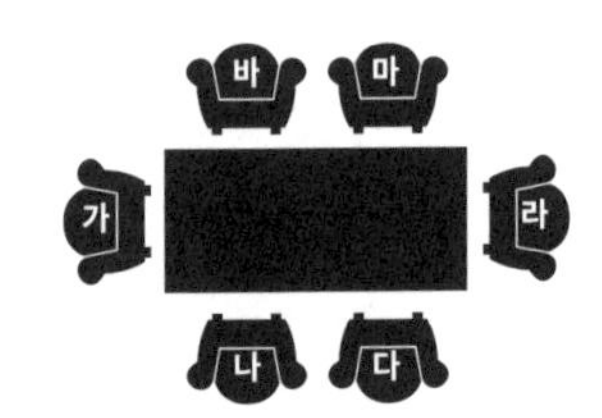

★ 123쪽 정답

★ 124쪽 정답 10

풀이

위의 두 줄은 마지막 줄과 어떤 연산기호로도 이어져 있지 않습니다. 그러므로 실제 문제는 9+1×0+1입니다.

★ 125쪽 정답

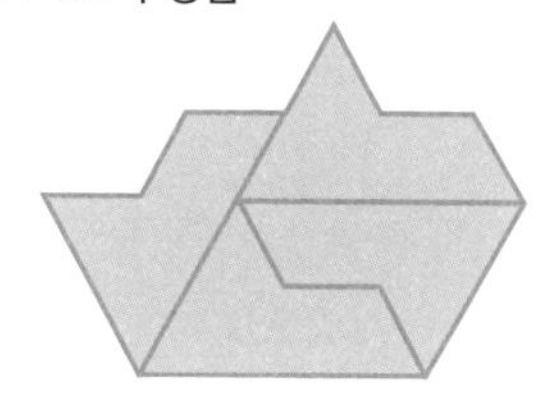

★ 126쪽 정답

당신이 사는 마을은 어느 쪽에 있습니까?

풀이 그가 천사라면 (진실만 답하므로) 천사의 마을로 가는 길을 알려줄 것입니다. 그가 악마라면 (거짓만 답하므로) 역시 천사의 마을로 가는 길을 알려줄 것입니다.

★ 127쪽 정답

두 모래시계를 동시에 뒤집습니다. 작은 모래시계에서 모래가 모두 떨어졌을 때, 큰 모래시계에는 3분 분량의 모래만 남아 있게 됩니다. (7-4=3)

작은 모래시계를 바로 뒤집습니다. 큰 모래시계의 모래가 모두 떨어지는 순간 작은 모래시계에는 1분 분량의 모래가 남게 됩니다. (4-3=1)

다시 큰 모래시계를 뒤집고, 작은 모래시계의 모래가 모두 떨어지기를 기다립니다. 이번에는 큰 모래시계에 6분 분량의 모래가 남게 됩니다. (7-1=6)

작은 모래시계를 뒤집고 모래가 다 떨어지기를 기다리면 큰 모래시계에 2분 분량의 모래가 남게 됩니다. (6-4=2)

큰 모래시계의 2분 분량 모래가 모두 떨어지자마자 뒤집어서 다시 7분을 기다리면 총 9분을 잴 수 있습니다.

★ 128쪽 정답

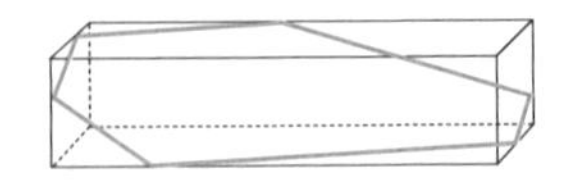

★ 129쪽 정답

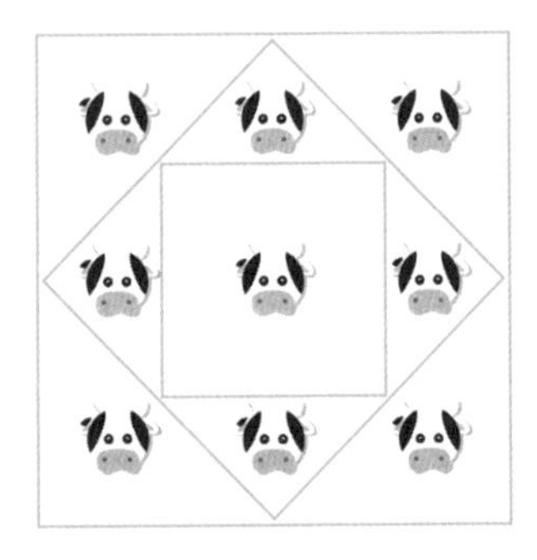

오리 만들기

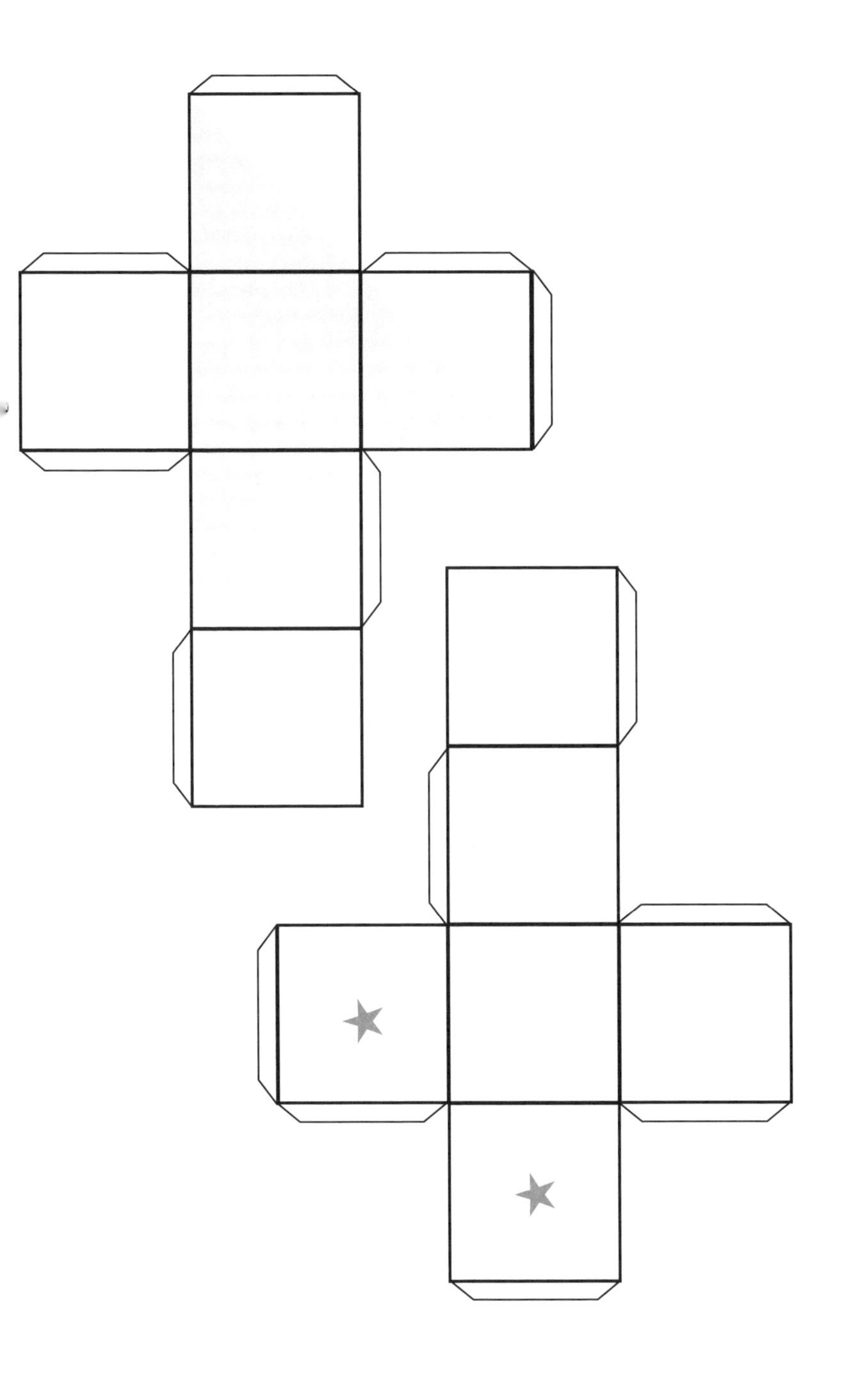